TRAITÉ HISTORIQUE

DES

POIDS ET MESURES

ALGER. — TYPOGRAPHIE DUCLAUX, RUE DU COMMERCE.

TRAITÉ HISTORIQUE

DES

POIDS ET MESURES

ET DE

LA VÉRIFICATION

DEPUIS CHARLEMAGNE JUSQU'A NOS JOURS

COMPLÉTÉ PAR LE

RECUEIL ANNOTÉ

des lois, décrets, ordonnances et arrêtés en vigueur

Par M. Auguste BARNY,

Vérificateur en chef des Poids et mesures.

A tous les temps, à tous les peuples!
(*Loi du 19 frimaire an* VIII.)

Nec dubia ago. (TITE-LIVE.)
Je ne dis rien qui soit douteux.

PARIS,

LIBRAIRIE DE L. HACHETTE ET Cie, BOULEVARD SAINT-GERMAIN, 77;

1863

— Tous droits réservés. —

Écrire une préface est chose inutile ; un livre doit se défendre lui-même devant le public ; le préambule le plus flatteur ne servira jamais qu'à faire trouver encore plus médiocre l'œuvre qui ne répondra pas pour elle-même.

Je me bornerai donc à dire que, commencé pour répondre à l'appel de l'Association internationale des poids et mesures, spontanément formée à Paris, en 1855, cet ouvrage a été poussé d'abord avec vigueur, puis abandonné, puis repris et abandonné encore, jusqu'au jour où un ami,

que le hasard mit à même de le parcourir, m'engagea à le publier ; ai-je eu tort de suivre ce
conseil inspiré par l'amitié ? le public jugera. Qu'il
me suffise de dire qu'en écrivant ce livre, j'ai
moins voulu faire une œuvre littéraire qu'un ouvrage utile dont je me suis efforcé de pallier l'aridité en liant le sujet à l'histoire contemporaine.
Bien que j'aie entièrement sacrifié le style à la
pensée, j'espère cependant être lu ou consulté
avec fruit, aussi bien par les hommes du monde,
généralement peu familiers avec l'économie de
notre système métrique, que par les hommes
spéciaux chargés d'assurer l'exécution des lois qui
régissent les poids et mesures.

Auguste BARNY.

Alger, 6 août 1863.

SOMMAIRE DES CHAPITRES.

Chapitre I.   — Historique de 785 à 1790.......   1
Chapitre II. — Historique de 1790 à 1863. — Législation.................   29
Chapitre III. — Lois pénales...................   221
Chapitre IV. — Organisation du service de la vérification.................   246
Chapitre V.   — Projet de réorganisation........   261

TRAITÉ HISTORIQUE

POIDS ET MESURES

I

HISTORIQUE DE 785 A 1790

Né roi d'un peuple barbare dont la guerre était l'unique occupation, Charlemagne sut s'approprier toutes les gloires : avec la gloire des armes, celle plus douce et plus durable du législateur, celle des sciences, des lettres et des arts qui seuls éternisent les nations et les hommes.

Le disciple du docte Alcuin qui, par de nombreuses victoires, avait agrandi l'empire des Mérovingiens et s'était formé un état aussi vaste que l'ancien empire d'Occident, avait appelé à sa cour les savants les plus distingués de l'Europe, tels que le théologien Alcuin, son maître après Pierre de Pise, Clément d'Irlande, le diacre Paul Warnfrid, Paulin d'Aquilée, l'architecte lyonnais Leidrade, Théodulphe, écrivain et évêque d'Orléans, puis Riculfe, Angilbert et Eginhard, son secrétaire et son historien.

Cette réunion de savants qui forma l'*Académie palatine*, que le roi présidait sous le nom de David, devint le centre des études, des lettres et des arts. Sous son heureuse inspiration et à son exemple, les évêques et les abbés fondèrent auprès des cathédrales et des monastères des écoles où l'on enseignait les sept arts libéraux ainsi que le grec, le latin et l'hébreu. Mais il ne suffisait pas à ce grand monarque d'avoir répandu et développé les précieux germes des sciences : toujours magnanime dans sa gloire, ce prince, devenu CÉSAR et AUGUSTE, eut la pensée et la volonté pour couronner son œuvre, afin de réaliser les idées de centralisation et d'unité de gouvernement qui furent l'occupation de toute sa vie, afin d'opérer sûrement la fusion de tant de peuples unis par la conquête, mais dont les besoins et les inclinations étaient très différents, de doter son vaste empire de la plus précieuse, de la plus importante des institutions, de l'uniformité des poids et mesures.

Ce grand monarque à qui les papes eux-mêmes ont rendu les plus magnifiques hommages, ne s'était pas contenté d'appeler des savants à sa cour, il entretenait encore de nombreuses relations avec les lettrés de son empire ainsi qu'avec les hommes distingués de tous les pays, quelles que fussent leur origine et leur religion.

Frappé de l'éclatante renommée que le glorieux fils de Pépin avait attachée à son nom, Haraoun-el-Raschid, ce type des traditions héroïques des Arabes, voulut entretenir avec lui des relations d'estime et d'amitié. Ces deux grands princes étaient faits pour se comprendre.

Chef du peuple le plus éclairé de la terre, fondateur des universités de Bagdad, de Bassora et de Cordoue qui, seules, continuèrent, pendant plusieurs siècles, les traditions littéraires interrompues pour les peuples néo-latins de l'Occident, le calife des Arabes, vers l'année 807, envoya au grand empereur de l'Occident une somptueuse ambassade qui lui offrit de riches présents, entre autres la propriété de la Terre sainte et la cité de Jérusalem, des pierreries élégamment taillées, des soieries, une horloge sonnante qui émerveilla la cour du monarque, et les étalons des mesures arabes, parmi lesquelles se trouvait un poids de cinquante marcs qui, plus tard, prit le nom de *Pile de Charlemagne*.

Lorsque Charlemagne, assisté de l'Académie palatine, résolut de donner au nouvel empire d'Occident un système uniforme de poids et mesures, son premier soin fut de s'enquérir des principaux modes suivis dans les places de commerce les plus importantes. Partout, dans chaque contrée, dans chaque ville, dans chaque hameau il y avait des poids et des mesures différents, tant sous le rapport du nom que sous celui de la forme et de la valeur représentative : les uns provenaient des Romains qui, toujours, imposaient aux peuples vaincus, même avant leur langue, leur système de mesures ; les autres tiraient leur origine de la Phénicie ou de la Germanie ; mais, ainsi que nous l'avons dit, non-senlement tous différaient les uns des autres, mais encore aucun ne pouvait probablement justifier de son origine et n'offrait de garantie réelle.

Lorsque l'Académie palatine eut étudié les systèmes confus qui étaient en usage dans l'empire, Charles résolut, pour couper le mal dans sa racine, de les rayer tous d'un trait de plume et de leur en substituer un autre qui, sinon plus rationnel, aurait au moins un principe vers lequel on pourrait toujours remonter.

Cependant, pour ne point trop troubler les habitudes populaires et concilier, autant que possible, l'intérêt de tous avec la raison, tout en prenant pour type, pour base de son système, les poids et les mesures arabes, il résolut de conserver les dénominations les plus répandues et de rapprocher ses nouvelles divisions des divisions les plus anciennes et les plus commodes. Ainsi, pour les mesures de pesanteur, il conserva à l'unité de poids le nom *once*, du latin *uncia*, du grec *ougkia*, de l'arabe *oughiah*; il conserva aussi le nom *livre*, du latin, *libra*, originaire du grec *litra*, mesure; quant aux divisions, il donna la préférence à la division romaine, alors la plus répandue, en composant la livre de douze onces. (Plaute, Rhemnius Fannius, Suétone, Pline, Cicéron, etc.)

Ces points une fois arrêtés, restait à partager le poids de cinquante marcs envoyé par Haroun-el-Raschid en un nombre de divisions telles que chacune se rapprochât, le plus possible, de l'once romaine. alors en usage sur les bords du Rhin. Comme on reconnut, au premier abord, que le marc ou le cinquantième de la pile, correspondait assez bien à huit onces, que, par conséquent, un marc et demi se rapprochait sensiblement de la livre romaine, aussi bien que de la livre arabe; comme l'on voulait diviser la livre en douze onces, ainsi que les Romains l'avaient fait, on divisa le poids de cinquante marcs en autant de fois douze onces qu'il y avait de fois un marc et demi, puis on fit une foule d'opérations pour trouver le diviseur le plus exact, et l'on s'arrêta à quatre cents, comme divisant le poids total de la pile de la manière la plus précise.

Ce diviseur donna la pesanteur de l'once.

Ainsi, la pile de Charlemagne, pesant douze kilogrammes deux cent trente-sept grammes six cents milligrammes, le poids de l'once fut trouvé être égal à trente grammes cinq cent quatre-vingt-quatorze milligrammes, et la livre, formée de douze fois le poids de l'once, fut constituée égale à trois cent soixante-sept grammes cent vingt-huit milligrammes, valeur presque identique à celle de la livre arabe que nous avons trouvée être de trois cent soixante-neuf grammes six cents milligrammes.

Ainsi, on avait un principe et une conséquence, à savoir, un type invariable d'une pesanteur de cinquante marcs et une unité de pesanteur, l'once, égale à la quatre-centième partie de la pile. Ce principe a toujours été respecté, la conséquence a toujours été admise; et, si la livre a souvent, suivant les besoins de la politique, éprouvé des variations, l'once est toujours restée une, invariable, telle qu'elle avait été établie par le grand empereur.

L'unité de pesanteur étant fixée, restait à établir l'unité linéaire, pour mesurer les longueurs et les surfaces. L'Académie palatine eut encore recours aux mesures arabes dont le rapport avec les mesures romaines était frappant. La mesure arabe que l'Académie avait en sa possession consistait en une mesure nommée *pick*, encore en usage chez ce peuple, et dont la longueur est très variable; les mesures romaines qu'elle consulta étaient : le pied, *pes* (Cicéron, César, Quintilien), le pied et demi, ou coudée, *sesquipes*, dont la longueur était de 0^m 55.555. (Varon, Columelle, Gargilius.)

Cependant, nous devons l'avouer, l'étalon, originel des mesures linéaires, n'étant pas parvenu jusqu'à nous, nous nous trouvons dans l'obligation de mettre un pied dans le champ des conjectures. Tout nous porte à croire que, suivant la destination des différentes mesures de longueur dont l'usage fut admis, tantôt l'on adopta purement et simplement les mesures arabes, tantôt on les combina avec les mesure romaines ; ainsi, il est très probable que le pick d'Alep, dont la longueur est de 0^m 651.994, celui de Damas, long de 0^m 630.585, celui de Beirouth, que l'on retrouve à Constantinople, long de 0^m 623.145, celui d'Alexandrie, long de 0^m 567.866, celui de Buccia, long de 0^m 445.067, ont été adoptés sans aucun changement, car, à de légères différences près, résultat inévitable des révolutions qui, pendant le moyen âge, ont bouleversé l'Europe, nous les retrouvons en Allemagne et en Italie, où l'aune d'Aix-la-Chapelle est longue de 0^m 667.444, celle de Bologne, de 0^m 634.373, celle d'Augsbourg, de 0^m 563.323, celles de Francfort, longues, l'une de 0^m 628.709, l'autre de 0^m 563.323.

Tout nous porte également à penser que l'aune de Paris, longue de 1^m 188.445, fut composée avec le *sesquipes*, combiné avec le *pick* de Damas dont la longueur réunie est de 1^m 186.135, ainsi de suite pour beaucoup d'autres mesures dont l'énumération serait trop longue et pour lesquelles nous renvoyons au savant ouvrage de M. Lionnet.

Quant à la mesure linéaire destinée à l'usage général, laquelle devait, pour ainsi dire, être la base, l'étalon des mesures de longueur et de superficie, on jeta à la fois les yeux sur le *sesquipes*, le *pick* de Buccia et la mesure légale adoptée dans l'empire des Perses, le *guèze*, long de 0^m 951.558. Mais, comme on pensa que de telles mesures seraient, par leur longueur, d'un usage incommode, et que, d'ailleurs, le mot *pied* était complètement admis dans la pratique, mieux valait adopter une mesure qui, se rapprochant, par ses dimensions du pied usuel, ne froisserait aucune habitude, aucune susceptibilité populaire, on s'arrêta à une combinaison de ces mesures.

Si l'on eût pris le tiers de la longueur du *guèze*, peut-être l'a-t-on fait, on eût obtenu un pied long de 0^m 317.186 (le pied de Vienne, en Autriche, est long de 0^m 316.103); si, d'une autre part, on eût pris le tiers du *sesquipes* et du *pick* de Buccia, on eût obtenu un pied long de 0^m 333.539 [1]; mais on préféra faire entrer ces trois mesures dans la combinaison : toutes réunies, elles formè la *toise* dont la longueur fut établie de 1^m 952.175, laquelle fut divisée en six parties égales auxquelles

---

[1] Un fait remarquable, c'est que si, au lieu de combiner le pick de Buccia et le sesquipes avec le guèze, on eût réuni les deux premières mesures, on eût obtenu un type long de 1 m. 000.617. Le mètre était trouvé ou à peu près.

on donna le nom de pied. La longueur du pied fut donc arrêtée à 0ᵐ 325.362.

Le pied, dont la longueur définitive fut plus tard fixée à 0ᵐ 32.484, fut divisé en douze parties nommées pouces, de même que la livre avait été divisée en douze onces ; le système duodécimal semblait devoir prévaloir.

Suivant quelques bons esprits, la longueur du pied fut entièrement arbitraire et prise au hasard ; nous ne nous arrêterons pas à cette opinion, nous aimons mieux croire que Charlemagne donna la préférence aux types qu'il avait à sa disposition et qu'il choisit quelque chose de précis et de positif, plutôt qu'une chose indécise. Quoi qu'il en soit, cette mesure, vulgairement nommée *pied de roi*, a, par son nom, donné naissance à la croyance populaire que cette longueur était celle du pied de cet empereur. Sans entrer dans une discussion qui serait sans but et, par conséquent, fort peu intéressante, nous aimons mieux nous ranger à l'avis de ceux qui pensent que ce nom, pied de roi, lui a été donné parce que c'était la mesure décrétée par le souverain, la mesure légale, et que l'on a dit alors pied de roi, comme, de nos jours, poids du roi pour le poids public.

A toutes ces croyances, à toutes ces conjectures, nous sommes disposé à ajouter une opinion. En effet, nous sommes porté à croire que Charlemagne, en adoptant le principe de la mesure et en prenant en considération les mesures arabes et romaines, saisit l'occasion de laisser au monde un témoignage immortel de son respect et de son amour filial, en choisissant pour cette unité de mesure, la longueur de l'un des pieds de Berthe, la Reine-au-grand-pied, femme d'un esprit supérieur, qui, par ses sages conseils, avait raffermi le trône souvent chancelant de Pépin-le-Bref.

Les unités de pesanteur et de longueur étant trouvées, il fut facile d'établir des mesures de capacité dont la hauteur et la largeur (le cube) furent déterminées en les combinant avec le poids des objets à mesurer ; seulement, tout nous porte à croire que l'on conserva, pour le mesurage des matières sèches, le *boisseau, modius* (Pétronne) et pour les liquides, le *setier* des Romains, *sextarius* (environ 0 litre 466), qui était le sixième du *conge, congius* (le seizième du boisseau). (Pline, Tite-Live, Cicéron, Horace, M. Porcius Cato.)

Mais, comme la puissance du grand empereur, l'institution de l'uniformité des poids et mesures, l'un de ses titres de gloire, qu'avec raison on peut estimer à l'égal d'un bienfait, ne put résister à l'anarchie féodale qui, sous les faibles héritiers de Karl, déchira l'empire et laissa démembrer et séparer les provinces que sa sagesse et le succès de ses armes avaient réunies.

Alors, tous les vassaux, grands et petits, des successeurs du fils de Pépin, souverains à leur tour,

aussi impudents que faibles, aussi avides qu'ignorants, firent acte de puissance selon la portée de
leur intelligence et de leur intérêt, et ils eurent
leurs poids et leurs mesures particuliers, que le
dol et la fraude étalonnèrent seuls, le plus souvent, comme ils eurent leur monnaie de bas aloi
et leurs lois et coutumes tout-à-fait arbitraires.

L'altération des mesures instituées par Charlemagne commença sous le règne de Charles-le-
Chauve, prince peu scrupuleux lorsqu'il s'agissait
de satisfaire son ambition, ses passions ou même
ses caprices.

Philippe Ier, ce prince que le pape Grégoire VII,
cet homme prodigieux qui fonda ou affermit la
monarchie théocratique et qui, le premier, eut la
pensée des croisades, qualifiait de tyran, le décla-
rant indigne de porter le nom de roi, Philippe Ier,
prince dissolu qui ne sut que déshonorer sa vie,
tandis que ses grands vassaux se couvraient de
gloire, Guillaume, en conquérant l'Angleterre,
Godefroy de Bouillon, en fondant le royaume de
Jérusalem, eut la témérité de porter la main sur
l'œuvre de Charlemagne, en réduisant la livre à
huit onces (244 gr. 752). Cette réduction que Philippe fit subir à la livre, pour servir principalement
aux monnayeurs, fut opérée pour subvenir aux
nombreux besoins que causaient la guerre et ses
passions désordonnées. Depuis cette époque, la
livre de huit onces que l'on a distinguée sous le

nom de livre de marc, n'a été adoptée que par les monnayeurs; elle n'a été acceptée ni par le peuple, ni par les seigneurs féodaux qui continuèrent à se servir de leurs mesures particulières.

Deux cent cinquante ans plus tard, Philippe-le-Long dont le règne se serait écoulé dans les douceurs d'une tranquillité parfaite, si les vues bienfaisantes du monarque avaient été seules écoutées, si la paix n'avait été troublée par les ravages de révoltés ignorants, aussi cruels que dissolus dans leurs mœurs, eut la pensée de reconstruire le monument de Charlemagne.

Malgré tous les malheurs qui accablaient son royaume, il convoqua par trois fois les états généraux; il put ainsi régler l'organisation de la cour des comptes du parlement, renouveler la sage ordonnance de Louis X, relative à l'affranchissement des serfs, faire des règlements sur la gestion des forêts; mais ce fut en vain qu'il tenta de rétablir, dans tout le royaume, l'uniformité des poids et mesures; il trouva dans la multiplicité et la puissance des seigneurs, aussi bien que dans l'ignorance du peuple, un obstacle invincible. Cette sage réforme dut être ajournée.

Le roi Jean II, qui aimait le faste et les plaisirs et qui, par son manque de modération et de sagesse, fit de son règne l'une des plus douloureuses époques de l'histoire de France, avait recours à toutes sortes d'expédients pour remplir ses coffres que vidaient incessamment les nécessités des guerres dans lesquelles il s'était engagé. L'un des moyens dont il usa fut celui le plus en usage à cette époque, l'altération des monnaies auxquelles il fit subir quatre-vingt-six transformations. Le roi Jean fit rétablir la pile de cinquante marcs qui existe aujourd'hui et qui a servi d'étalon pour fixer la valeur du kilogramme. Il doubla la livre de Philippe Ier, qui, dès lors, fut composée de seize onces (489 gr. 504) et prit le nom de livre de poids de marc. Elle a été usitée en France jusqu'à nos jours.

Depuis cette époque, il y eut, en outre, plusieurs livres locales reconnues par la loi, telles que la livre de Rouen, valant 509 gr. 900; la livre de Strasbourg, valant 489 gr. 500; la livre de Lille, valant 432 gr. 600; la livre de Lyon, valant 422 gr.; la livre de Toulouse, valant 414 gr. 800; la livre de Montpellier, valant 407 gr. 900; la livre de Larochelle, valant 404 gr. 400; la livre de Marseille, valant 398 gr., etc.

Il y eut également plusieurs sortes de marcs, reconnus par la loi : celui de Charlemagne et du roi Jean, valant 244 gr. 752; le marc de Limoges, valant 240 gr. 929; le marc de Tours, valant 237 gr. 869, et le marc de Troyes, valant 260 gr. 050.

Louis XI, ce roi du peuple et de la bourgeoisie,

qui voulait tout savoir, tout faire et tout voir par lui-
même, prince, tout à la fois, inquiet et ombrageux,
avare et magnifique, d'une activité inépuisable, em-
brassant tous les détails de l'administration, la
guerre, la marine, les finances, le commerce ; qui,
par sa fermeté, sut faire jouir le peuple d'une sé-
curité jusqu'alors inconnue, tandis qu'il contrai-
gnait les grands vassaux à reconnaître, par une
véritable subordination, la supériorité du souverain, qui sut réunir à la France le duché de Bour-
gogne, la Guienne, l'Anjou, la Provence, le Perche,
le Roussillon, etc., ce prince vit cependant ses efforts échouer contre les obstacles que lui opposè-
rent l'ignorance et les malheurs du temps, lorsqu'il voulut doter son royaume de l'uniformité
des poids et mesures.

En effet, Louis XI qui put changer l'organisation
et le cours de la justice, amoindrir les libertés
municipales, organiser les maîtrises des corps de
métiers, établir les postes ainsi que des foires et
des marchés libres, ne put contraindre ceux qui
fréquentaient ces foires et ces marchés, à se servir
d'un seul et même poids, d'une seule et même mesure, tant est grande la force de la routine et
de l'ignorance.

Le roi François Ier eut aussi, dit Scaliger, une
velléité de faire ce que ses prédécesseurs n'a-
vaient pu que tenter ; mais une telle réforme
exigeait trop de maturité, trop de suite dans les

idées, trop de fermeté et de volonté, pour que ce monarque, dont le règne fut une longue lutte, osât l'entreprendre.

Mais, voici venir le règne de Henri II, sous lequel s'ouvrit une nouvelle ère pour les poids et mesures. Jusqu'à lui, les princes qui avaient fait des efforts pour faire adopter par leurs sujets un système uniforme, ne s'étaient que peu ou point préoccupés du mérite et de la valeur du système qu'ils voulaient propager. Peu leur importait le degré de perfection et de garantie que le public trouverait dans tel ou tel mode de pesage, ce qui leur importait, ce qui leur paraissait indispensable, c'était que tout le monde dans leur empire, du nord au sud, de l'est à l'ouest, ne connût et ne se servît que d'un même poids et d'une même mesure; ils avaient réuni, pour cela, tous leurs efforts, afin de faire parler, pour ainsi dire, une seule et même langue à tous les intérêts, et d'arriver ainsi plus sûrement à l'unité du gouvernement et à la fusion de toutes les populations si diverses d'origine et de langage qui formaient alors la France. Mais leurs efforts n'avaient point abouti. Depuis Henri II, ce n'est plus qu'une main appuyée sur la science, que les princes réformateurs vont marcher.

Par le traité de Cateau-Cambresis (en 1559), la France venait d'acquérir quatre places fortes qui la mettaient en sûreté contre les attaques de l'Angleterre et de l'Allemagne ; ce royaume que, plus tard, Grotius appelait *le plus beau royaume après celui des cieux,* était alors l'État le plus uni et le plus riche de l'Europe ; toutes les guerres extérieures étaient finies, il semblait qu'il ne restait plus à la France qu'à être heureuse, à se livrer à son goût pour les sciences et les arts, à faire renaître, au seizième siècle, les beaux jours d'Athènes et de Rome, lorsque commença une lutte séculaire entre le catholicisme et le protestantisme, lutte qui, en faisant couler des flots de sang, devait mettre plusieurs fois le pays à deux doigts de sa perte.

En ce temps vivait un savant médecin du nom de Fernel [1]. Dans l'exercice de sa profession, cet homme distingué avait souvent eu lieu de reconnaître le grave inconvénient qu'il y avait à ce que ceux qui se livraient à l'étude d'une science, s'ils habitaient différents pays qui, tous, avaient leur système de mesures, ne pussent pas propager leurs observations, leurs découvertes d'une manière sûre, faute d'un moyen à employer pour donner mathématiquement leurs solutions et con-

---

[1] Jean Fernel, né à Montdidier, en 1497, mort en 1558, acquit une telle célébrité, que Henri II le nomma son premier médecin. Fernel publia, en 1528, un ouvrage intitulé *Cosmotheoria,* où il indiqua la manière de mesurer un degré du méridien ; il a laissé, en outre, plusieurs écrits sur la médecine, aussi remarquables par l'élégance du style que par la solidité des doctrines.

stater les résultats qu'ils avaient obtenus. Ainsi,
dans l'énoncé de la composition d'un remède,
comment en déterminer les différentes parties ?
le grain, le drachme, l'once de Paris n'étant pas
les mêmes que ceux de Toulouse, de Montpellier,
de Cordoue, d'Edimbourg, etc., il devenait, par
cela seul, impossible de réaliser dans une localité
la formule, la prescription, souvent fort salutaire,
écrite dans une autre localité.

Fernel se mit donc courageusement à rechercher le moyen de changer ces mesures disparates
qui, dans l'exercice de sa noble profession, causaient son désespoir, et de les ramener toutes à
une mesure unique que l'univers entier adopte-
rait. Fallait-il créer de nouveau un poids unique,
tirant son origine de la pile de Charlemagne ?
Telle fut la question que Fernel se posa. Non !
ce moyen était trop insuffisant. Il ne fallait pas
seulement donner au peuple et à la science un
poids unique, une mesure unique, mais il fallait
encore trouver un système qui, reposant sur une
base certaine, positive, serait ainsi mis à l'abri
des variations que pourraient lui faire subir et
le caprice des princes, et l'ignorance des peuples,
et l'ambition des grands ainsi que les révolutions.

Ce fut alors que, par une inspiration qui tient
du génie, il songea à créer un système de mesures qui aurait pour base les dimensions de la
terre.

Le premier, on ne saurait trop le redire, Fernel eut cette belle pensée qui, à deux siècles et demi de là, devait être complètement réalisée.

Mais avoir l'idée n'était pas tout : il fallait lui donner un corps, une existence. Comme le bon docteur était trop peu versé dans les mathématiques, la science par excellence, et dans l'astronomie qui, elle-même, était encore enveloppée dans les erreurs de l'astrologie, pour mesurer d'une manière exacte une section de l'arc du méridien, il imagina un moyen qui, tout grossier, tout imparfait qu'il était, ouvrirait la voie à des successeurs plus habiles qui s'approprieraient sa gloire et même feraient oublier ce Christophe Colomb des poids et mesures.

Fernel, dépourvu d'instruments de précision, monta bravement dans sa voiture, à laquelle était attelé le plus patient des chevaux, et partit de Paris pour se rendre à Amiens, comptant scrupuleusement chaque tour de roue de son lourd véhicule, ne se laissant distraire, tout le long de cette route, ni par l'ennui de l'isolement, ni par la fatigue que devait nécessairement produire une tension d'esprit si continue, ni par les interpellations grossières que les charretiers lui jetaient en passant, encore moins par les quolibets des sots qui, eux aussi, parcouraient la route, mais sans la mesurer. Après avoir ainsi franchi l'énorme distance qui sépare la capitale de la France de celle de la Picardie, il revint triomphalement avec son nombre infini de tours de roues (58,835), et ce fut tout : Fernel, arrêté par la mort, ne put pas poursuivre son entreprise.

L'expérience du docteur, tout en faisant connaître très approximativement la distance qui sépare les deux villes, ne pouvait que faire soupçonner l'intervalle en ligne droite (225,925 mètres) qui existe de l'une à l'autre, elle n'eut donc aucun résultat actuel ; mais tout n'était pas perdu pour la science, pour l'avenir ; restait l'idée, le principe qui, à lui seul, suffit pour immortaliser le nom de Fernel.

Soixante-quatorze ans plus tard, en 1626, Snell[1], pour qui l'idée de Fernel fut un trait de lumière, reprit *ab ovo* toute la pensée de son devancier, et, mettant à profit les progrès que le cardinal de Cusa, Copernic, Galilée[2] avaient fait faire à

[1] Willebrord Snell, géomètre, né en 1591, à Leyde, mort en 1626, à 35 ans, trouva, le premier, la loi de réfraction que l'on attribue à Descartes, et détermina, le premier après Eratosthènes, qui vivait sous Ptolémée Evergète, la grandeur de la terre par la mesure d'un arc du méridien.

[2] Nicolas de Cusa, fils d'un pêcheur nommé Jean Crebs, né en 1401, à Cusa, sur la Moselle, mort en 1464, à Todi, en Ombrie. — Nicolas Copernic, né en 1473, à Thorn, en Prusse, mort en 1543, s'appropria le système, dont il avait trouvé le germe dans Philolaüs, philosophe pythagoricien, qui fait tourner toutes les planètes autour du soleil et donne à la terre un mouvement de rotation sur elle-même et un mouvement de circonvolution autour du soleil. — Galilée, né en 1564, à Pise, mort en 1652, adopta et propagea le système de Copernic.

la science, il mesura l'arc du méridien entre Malines et Alcmaër, en employant une suite de triangles. Sa mort, survenue cette même année, interrompit son travail.

Comme tout s'enchaîne dans la science, et que l'idée, une fois mise au jour, trouve toujours un esprit pour la ressusciter, il se trouva en Europe des savants qui se préoccupèrent de la pensée qui avait dirigé Fernel et puis Snell dans leurs travaux. Parmi eux, et pour clore cette nomenclature que l'on trouverait sans doute trop longue et surtout trop aride, nous citerons Norwood, savant mathématicien anglais, qui, en combinant les méthodes de ses devanciers, se livra, vers 1636, à de nombreux travaux, à des opérations analogues ; mais si la science profita de ses recherches et de ses calculs, comme elle avait, dix ans avant, profité de ceux de Snell, rien de pratique ne sortit de son domaine : l'idée n'était pas mûre encore, les temps n'étaient pas venus.

Au reste, la pensée devait retourner à son origine : la France, la première, avait conçu l'idée, à la France seule il appartenait de la réaliser.

Ayant publié un ouvrage dans lequel il exposait, d'après ce grand astronome, le mouvement de la terre et l'immobilité du soleil, il fut emprisonné par l'Inquisition, ses doctrines condamnées comme hérétiques, absurdes et impies, et il lui fut défendu de soutenir que la terre n'est pas immobile au centre de l'univers. On doit à Galilée, le véritable père de la philosophie expérimentale, la découverte des lois de la pesanteur, du pendule, de la balance hydrostatique, du thermomètre et du téléscope.

Louis-le-Grand qui sut s'entourer et se servir
des génies immortels qui illustrèrent son règne,
voulut, lui aussi, établir en France l'uniformité
des poids et mesures. Pour qu'aucune gloire ne
manquât à son règne, il s'inspira de cette grande
pensée, et chargea trois illustres académiciens de
faire des études et des recherches sur cet objet.
C'étaient : Amontons, le savant physicien, Jean
Picard, le célèbre astronome, l'émule de Gassendi,
et Christian Huyghens [1], habile mathématicien qui,
après avoir perfectionné l'horlogerie et certaines
parties de l'optique, découvrit l'anneau de Saturne
avec un télescope confectionné par lui-même.

Ces trois savants se mirent à l'œuvre avec toute
l'ardeur que pouvait exciter la grandeur du but
qu'il s'agissait d'atteindre ; un arc du méridien
fut exactement mesuré, et déjà l'on s'occupait de
créer un nouveau système de mesures que l'on
proposait même de baser sur la longueur du pendule qui bat les secondes sexagésimales à Paris,

---

[1] Guillaume Amontons, né à Paris, en 1663, mort en 1705, s'appliqua
avec succès à la physique, à la mécanique et aux mathématiques ; il a
perfectionné plusieurs instruments de physique et a été le véritable inventeur du télégraphe que Chappe ne fit que mettre à exécution en
1790. — L'abbé Jean Picard, né à La Flèche, en 1620, mort en 1684,
fut professeur d'astronomie au Collége de France ; il a laissé plusieurs
ouvrages, entre autres : l'*Histoire céleste* ; la *Mesure de la terre* ; la *Connaissance des temps*, de 1670 à 1683, etc. — Christian Huyghens, fils de
Constantin, ministre de Guillaume III, prince d'Orange, né à La Haye,
en 1629, membre de l'Académie des sciences de France, en 1665, mort
en 1695, dans sa ville natale.

lorsque les travaux furent tout-à-coup interrompus par les préparatifs de la guerre que le grand roi allait soutenir contre la Confédération formidable, connue sous le nom de *Ligue d'Augsbourg*, et par la révocation de l'édit de Nantes (1685) dont l'effet fut d'éloigner Huyghens de la France, sa patrie adoptive.

Newton [1], la véritable gloire scientifique de l'Angleterre, ayant émis sa théorie de l'aplatissement de la terre vers les pôles et contesté, par conséquent, l'exactitude des résultats obtenus par Picard, Norwood, Snell et autres, Colbert, qui par son génie administratif, consolida la monarchie de Louis XIV que la politique de Richelieu avait fondée, voulut éclaircir le fait. Il fit venir d'Italie Jean-Dominique Cassini [2], dont la réputation

[1] Isaac Newton, né à Woolstrop, comté de Lincoln, en 1642, mort en 1727, à l'âge de 85 ans, est placé, à la fois, au premier rang des mathématiciens, des physiciens et des astronomes. Ses principaux ouvrages sont : les *Principes mathématiques de la philosophie naturelle*, son plus beau titre de gloire (c'est dans cet ouvrage que se trouve exposé son système du monde); un *Traité de la lumière et des couleurs*, etc. Son nom est attaché à de nombreuses et brillantes découvertes. Quelqu'un lui ayant demandé comment il était parvenu à faire toutes ses grandes découvertes, il répondit modestement : « En y pensant toujours. »

[2] Cassini, né dans le comté de Nice, en 1625, nommé en 1652 professeur d'astronomie à Bologne. Il publia, cette même année, un *Traité* sur la comète qui avait paru en 1651, et traça la méridienne de Sainte-Pétrone. Appelé par Colbert, en 1669, il fut nommé, la même année, membre de l'Académie des sciences. Après avoir complété la théorie du mouvement des satellites, et reconnu la rotation de Mars, de Jupiter et

comme astronome était immense; et lui ordonna de procéder à une nouvelle mesure de la méridienne de Paris à travers la France.

L'illustre astronome opéra la vérification des opérations faites par Picard, et il continua la mesure de la grande méridienne jusqu'à l'extrémité du Roussillon. La vieillesse et la perte qu'il fit de la vue, l'ayant forcé d'interrompre ses travaux, son fils Jacques les reprit et les mena à bonne fin, après un laps de trente-cinq années (de 1695 à 1730).

Les travaux de Jacques Cassini relatifs à la détermination de la figure de la terre, sont trop célèbres et trop connus, pour qu'il soit nécessaire d'en parler : la conclusion qu'il donna fut que l'on pouvait adopter une unité de mesure basée sur les dimensions de la terre ; que cette unité, aussi invariable que la terre elle-même, pourrait, en tout

de Vénus, il découvrit, en 1693, la lumière zodiacale ; révéla, en 1694, l'existence de quatre satellites de Jupiter ; continua, en 1695, la mesure de la grande méridienne, commencée par Picard, et mourut en 1712, à l'âge de 87 ans. — Jacques Cassini, fils du précédent, né à Paris, en 1677, mort en 1756, hérita des talents de son père et prit sa place à l'Académie. Connu par ses travaux relatifs à la détermination de la figure de la terre. — César Cassini de Thury, fils de Jacques, né à Paris, en 1714, mort en 1784, membre de l'Académie des sciences, comme son père et son aïeul. Chargé de faire la description géométrique de la France, on lui doit la *Carte générale de la France*, ouvrage immense dont l'exécution, représentation la plus fidèle et la plus complète de notre pays, a changé la face de notre géographie et a été continuée par son fils Jacques-Dominique Cassini, qui la termina et en fit hommage à l'Assemblée nationale, en 1789.

temps et à toutes les époques, être vérifiée ou rétablie ; en conséquence, il proposa d'adopter pour unité de mesure linéaire, la soixante-millième partie du degré terrestre, unité qui aurait eu 1 mètre 85.185, un peu moins de la toise qui avait 1 mètre 94.900.

L'opération exécutée par les deux premiers Cassini, fut répétée, pendant les années 1739 et 1740, sous le règne de Louis XV, par César Cassini, fils de Jacques, et par Lacaille [1]. Elle fut terminée et complétée d'une manière beaucoup plus exacte, grâce à la précision des instruments dont ils firent usage. Comme complément des opérations exécutées en France, au moment où Didcrot et d'Alembert concevaient la pensée du *Dictionnaire encyclopédique,* ce vaste répertoire de l'école matérialiste, le comte de Bouillé, ministre de la marine, envoyait Lacaille au cap de Bonne-Espérance afin d'y mesurer un arc du méridien.

Déjà Louis XV, qui, bien qu'ami de la mollesse et de l'indolence, ennemi des soucis de la royauté et des affaires dont il évitait de s'occuper, possédait cependant, comme par instinct royal, par tradition de famille, le sentiment de la gloire nationale, avait, dès 1736, envoyé Lacondamine [2] au

---

[1] L'abbé Lacaille, né à Rumigny, en 1713, mort à Paris, en 1762, démontra que les degrés allaient en croissant de l'équateur au pôle. Il a laissé plusieurs ouvrages qui ont été fréquemment imprimés.

[2] Charles-Marie de Lacondamine, né à Paris, en 1701, mort en 1774.

Pérou, pour y exécuter des opérations géométriques
qui devaient déterminer la figure de la terre ; en
même tenps, Maupertuis [1] se rendait en Laponie
pour y exécuter les mêmes opérations, de l'ensemble desquelles il résulta la preuve (devinée par
Newton) que la figure de la terre est aplatie vers
les pôles d'un 334°.

Les travaux de ces deux savants, remarquables
à différents titres, ne furent pas sans résultats. En
1766, la toise qui avait servi à Lacondamine à mesurer les degrés du méridien à l'équateur, fut,
par un acte que le gouvernement adressa aux parlements, déclarée seule mesure légale. A partir de
cette époque, la toise, dite du Pérou, fut considérée comme l'étalon des mesures françaises.

C'était le dernier pas que la royauté devait faire
vers l'uniformité des poids et mesures à laquelle
elle avait toujours tendu, depuis dix siècles.

En déroulant le tableau que nous venons de
mettre sous les yeux de nos lecteurs, nous avons

Envoyé à l'équateur pour déterminer la grandeur et la figure de la terre,
il parcourut presque toute l'Amérique du Sud et ne revint qu'au bout de
dix ans. Il fut de l'Académie des sciences et de l'Académie française. Il
a publié plusieurs ouvrages spéciaux en français, en anglais et en
espagnol.

[1] Moreau de Maupertuis, né à Saint-Malo, en 1698, mort à Bâle, en
1759.

voulu faire voir combien de difficultés, souvent
insurmontables, surgissent à l'encontre de toute
innovation, surtout lorsque cette innovation froisse
des intérêts et des préjugés ; car, on le sait, si les
grands tiennent à leurs prétentions, qui sont leurs
intérêts à eux, le peuple tient à sa routine, qui
est sa science à lui.. ... Cette lutte entreprise par
tant de rois, lutte qu'ils ont soutenue pendant
dix siècles avec une si grande persévérance, bien
plus, peut-être, dans l'intérêt de leur domination
que dans l'intérêt réel des populations auxquelles,
en définitive, l'uniformité des poids et mesures
devait profiter, démontre combien ces rois si puissants à la tête de leurs armées, au milieu de leurs
états généraux et de leurs parlements, ces rois qui
pouvaient, en quelques jours, conquérir des royau-
mes, d'un mot faire tomber les têtes les plus puis-
santes, étaient petits, étaient faibles, lorsqu'il s'agissait de combattre et de détruire un préjugé, une routine, une vieille habitude du peuple qui, cependant,
n'avait rien à leur opposer, ni armées, ni états
généraux, ni parlements, rien que la puissance de
la force d'inertie.

Ce que quarante-quatre rois, dans l'intérêt de
l'unité de leur gouvernement, comme le moyen le
plus efficace d'opérer la fusion des peuples qu'ils

avaient soumis à leur domination, n'ont pu faire, malgré tant de siècles d'efforts, de recherches, de travaux, et de persistance ; par la manifestation d'une volonté ferme et bien arrêtée, l'Assemblée nationale, la Convention et le Directoire l'ont fait en moins de dix années. L'uniformité des poids et mesures, votée en principe par l'Assemblée nationale, en 1790, a été fixée et définitivement établie en France par la Convention, en 1795, et par le Directoire, en 1799.

[illegible]

II.

HISTORIQUE DE 1790 A 1863

LÉGISLATION

En avril 1790, lorsque l'Assemblée nationale se fut complètement instituée, en essayant sa puissance sur le trône ébranlé du petit-fils de Louis-le-Grand ; malgré l'émotion que dut lui causer la nouvelle d'une prochaine rupture avec l'Espagne et l'Angleterre ; malgré les désordres et les troubles qui agitaient les provinces ; malgré les résistances survenues à l'occasion de la vente des biens de l'Église et de la constitution civile du clergé ; mal-gré les préoccupations dont elle ne pouvait se dé-fendre, à la veille d'une discussion sur l'organisation judiciaire, nécessitée par l'opposition que les parlements faisaient à son autorité; malgré les discussions acrimonieuses que l'esprit de parti soulevait à tout propos, elle s'occupa d'urgence, en conformité du vœu émis dans le plus grand nombre des cahiers du tiers-état, de la réforme du système des poids et mesures.

M. de Talleyrand, chargé de faire un rapport à ce sujet, s'exprima ainsi :

« L'innombrable variété de nos poids et de nos mesures et leurs dénominations bizares jettent, nécessairement, de la confusion dans les idées, de l'embarras dans le commerce; mais ce qui, particulièrement, doit être une source d'erreurs et d'infidélités, c'est moins encore cette diversité en elle-même, que la différence des choses sous l'uniformité de nom. Une telle bigarure, qui est un piége de tous les instants pour la bonne foi, est bien plus commune qu'on ne le pense, puisque, même sous les noms auxquels l'usage semble le plus avoir attaché l'idée d'une mesure fixe, tels que le pied, l'aune, etc., il existe une foule de différences très réelles. Rien ne saurait justifier un tel abus; il était réservé à l'Assemblée nationale de l'anéantir. »

Après avoir fait ressortir l'avantage que la propriété foncière, l'industrie, la consommation journalière retireraient de l'établissement de l'uniformité des poids et mesures, après avoir, avec cette

netteté d'idées et cette précision analytique de langage qui ont toujours été le vrai caractère de la
supériorité de son esprit, indiqué différents systèmes dont le modèle, pris dans la nature, serait
invariable comme la nature elle-même, M. de Talleyrand proposa à l'Assemblée nationale d'écrire
au Parlement d'Angleterre pour l'engager à concourir avec la France, et par des commissaires
choisis, en nombre égal, dans l'Académie des
sciences de Paris et dans la Société royale de
Londres, à la fixation de l'unité naturelle des mesures et des poids.

« Chacune des deux nations, ajouta-t-il, formerait
sur cette mesure ses étalons qu'elle conserverait
avec le plus grand soin ; de telle sorte que si, au
bout de plusieurs siècles, on s'apercevait de quelques variations dans l'année sidérale, les étalons
pussent servir à l'évaluer, et, par là, à rattacher ce
point important du système du monde à une grande
époque, celle de l'Assemblée nationale. Peut-être
même est-il permis de voir dans ce concours de
deux nations interrogeant ensemble la nature pour
en obtenir un résultat important, le principe d'une
union politique, opérée par l'entremise des sciences. Cette vue ne peut échapper à des législateurs,
et mérite, sans doute, une haute considération de
leur part. »

Dans la séance du 8 mai suivant, M. de Bonnay,
rapporteur de la commission qui avait été chargée

d'examiner le travail que **M.** de Talleyrand avait mis sous les yeux de l'Assemblée nationale, après avoir fait ressortir l'avantage immense que l'on recueillerait de l'établissement de l'uniformité des poids et mesures demandée par la nation, après avoir fait connaître que l'Angleterre était prête à se joindre à la France pour exécuter cette uniformité, s'écria : « Quand ces deux nations, qui n'ont de rivales qu'elles-mêmes, l'auront adoptée, toute l'Europe ne manquera pas de l'adopter aussi ; » et immédiatement il présenta à l'Assemblée le projet de décret suivant :

« L'ASSEMBLÉE NATIONALE désirant faire jouir à jamais la France entière de l'avantage qui doit résulter de l'uniformité des poids et mesures, et voulant que les rapports des anciennes mesures avec les nouvelles soient clairement déterminés et facilement saisis,

DÉCRÈTE que Sa Majesté sera suppliée de donner des ordres aux administrations des divers départements du royaume, afin qu'elles se procurent et qu'elles se fassent remettre par chacune des municipalités comprises dans chaque département, puis qu'elles envoient à Paris, pour être remis au Secrétaire de l'Académie des sciences, un modèle, parfaitement exact, des différents poids et des mesures élémentaires qui y sont en usage ;

» Décrète ensuite que le roi sera également supplié d'écrire à Sa Majesté Britannique, et de la prier d'engager le Parlement d'Angleterre à concourir avec l'Assemblée nationale à la fixation de l'unité naturelle des mesures et des poids ; qu'en conséquence, sous les auspices des deux nations, les commissaires de l'Académie des sciences de Paris pourront se réunir, en nombre égal, avec des membres choisis de la Société de Londres, dans le lieu qui sera jugé respectivement le plus convenable pour déterminer, à la latitude de quarante-cinq degrés ou tout autre latitude qui pourrait être préférée, la *longueur du pendule,* et en déduire un modèle invariable pour toutes les mesures et pour tous les poids. Qu'après cette opération, faite avec toute la solennité nécessaire, Sa Majesté sera suppliée de charger l'Académie des sciences de fixer, avec précision, pour chaque municipalité du royaume, les rapports de leurs anciens poids et mesures avec le nouveau modèle, et de composer ensuite, pour l'usage de ces municipalités, des livres usuels et élémentaires, où seront indiquées avec clarté toutes ces propositions.

» Décrète, en outre, que ces livres élémentaires seront adressés, à la fois, dans toutes les municipalités, pour être répandus et distribués ; qu'en même temps, il sera envoyé à chaque municipalité un certain nombre de nouveaux poids et mesures.

lesquels seront délivrés gratuitement par elles à ceux que ce changement constituerait dans des dépenses trop fortes; enfin, que six mois seulement après cet envoi, les anciennes mesures seront remplacées par les nouvelles. »

M. Bureau de Puzy, après quelques observations sur l'avantage précieux qu'offre l'uniformité des poids et mesures, présenta des considérations importantes sur le titre des métaux et des monnaies, et proposa le projet de décret suivant, pouvant servir de complément au projet présenté par le comité dont M. de Bonnay était l'organe.

« L'Assemblée nationale décrète que l'Académie, après avoir consulté les officiers des monnaies, proposera son opinion sur la question de savoir s'il convient de fixer invariablement le titre des métaux monnayés, de manière que les espèces ne puissent jamais éprouver d'altération que dans le poids ; et s'il n'est pas utile que la différence tolérée dans les monnaies, sous le nom de *remède*, soit toujours en dehors, c'est-à-dire qu'une pièce puisse bien excéder le poids prescrit par la loi, mais que jamais elle ne puisse lui être inférieure.

» Enfin que l'Académie indiquera l'échelle de division qu'elle croira le plus convenable, tant pour le poids que pour les autres mesures et pour les monnaies. »

Ces deux projets furent, le même jour, successivement mis aux voix et adoptés.

Ils furent sanctionnés par le roi le 22 août suivant, seulement.

Ce retard apporté dans la sanction de ces deux décrets s'explique par les préoccupations qui dominaient alors le roi et son gouvernement, et ne leur permettaient guère de considérer comme très importantes des questions autres que celles d'où dépendait leur pouvoir.

Cependant l'Assemblée nationale qui travaillait et décrétait de nouvelles lois, sans trève ni merci, marchant toujours devant elle, une pensée sur l'avenir, un œil sur le passé, édifiant quelquefois, démolissant le plus souvent, ne perdait pas de vue son décret du 8 mai sur les poids et mesures. Sans se préoccuper autrement de la sanction du pouvoir exécutif, elle avait envoyé son décret à l'Académie des sciences, en lui demandant de formuler une opinion sur l'unité de mesures qu'il serait convenable d'établir, et, pour lui faciliter cet important travail, elle rendit, le 12 août 1790, un décret par lequel elle ordonnait à toutes les administrations départementales de se faire remettre par les municipalités, et d'envoyer à l'Académie des sciences, un modèle des mesures en usage dans chaque commune. L'Assemblée attachait à la question d'uniformité des poids et mesures toute l'importance qu'elle a réellement.

Enfin, le 26 mars 1791, après s'être concerté avec les comités de constitution, d'agriculture et de commerce, ainsi qu'avec les commissaires de l'Académie, M. de Talleyrand paraît à la tribune, et, imposant un instant silence aux discussions orageuses qu'avait soulevées l'armement des frontières, il lit à l'Assemblée une lettre adressée au président par M. de Condorcet, au nom de l'Académie.

Cette lettre était ainsi conçue :

« L'Académie des sciences m'a chargé d'avoir l'honneur de vous présenter un rapport sur le choix d'une unité de mesure. Comme les opérations nécessaires pour la déterminer ensuite demanderont du temps, elle a cru devoir commencer son travail par l'examen de cette question, et la séparer de toutes les autres. L'opération qu'elle propose est la plus grande qui ait été faite, elle ne peut qu'honorer la nation qui en ordonnera l'exécution.

» L'Académie a cherché à exclure toute condition arbitraire, tout ce qui pourrait faire soupçonner l'influence d'un intérêt particulier à la France, ou d'une prévention nationale; elle a voulu, en un mot, que si les principes et les détails de cette opération pouvaient passer seuls à la postérité, il fût impossible de deviner par quelle nation elle a été ordonnée ou exécutée. L'opération de la ré-

duction des mesures à l'uniformité est d'une utilité si grande, il est si important de choisir un
système qui puisse convenir à tous les peuples ;
le succès de l'opération dépend, à un tel point,
de la généralité des bases sur lesquelles ce système
s'appuie, que l'Académie n'a pas jugé pouvoir, ni
s'en rapporter aux mesures déjà faites, *ni se con-
tenter de la simple observation du pendule;* elle a
senti que, travaillant pour une nation puissante,
par les ordres d'hommes éclairés qui savent donner
au bien qu'ils font un grand caractère, et, embras-
sant dans leurs vues tous les hommes et tous les
siècles, elle devait s'occuper moins de chercher ce
qui serait facile que ce qui approcherait le plus de
la perfection ; elle a cru, enfin, qu'une grande opération qui annoncerait le zèle éclairé de l'Assemblée nationale pour l'accroissement des lumières
et le progrès de la fraternité entre les peuples, ne
serait pas indigne d'être accueilli par elle.

» Condorcet. »

« Vous savez, continue **M.** de Talleyrand, que les
unités que l'on peut employer se réduisent à trois :
le pendule, le quart de l'équateur et le quart du
méridien terrestre. Après un long travail, l'Académie a adopté le dernier moyen. Cette compagnie
mérite toute votre confiance, la question entière
doit lui être livrée. Le projet de décret que je vous

soumets, a été concerté avec MM. Lagrange, Lalande, Borda, Laplace, Monge et Condorcet[1]. »

Voici ce projet de décret :

« L'Assemblée nationale, considérant que pour parvenir à établir l'uniformité des poids et mesures, il est nécessaire de fixer une unité de mesure naturelle et invariable, et que le seul moyen d'étendre cette uniformité aux nations étrangères, et

---

[1] Joseph-Louis Lagrange, né à Turin, en 1736, de parents français, mort à Paris, en 1813, célèbre mathématicien, professeur à l'École normale, puis à l'École polytechnique et sénateur. A laissé une *Méthode des variations*, et plusieurs autres ouvrages qui sont des modèles pour la clarté de l'exposition et l'élégance du style et des démonstrations. Après Newton, c'est lui qui a le plus avancé l'explication du système du monde. — Joseph-Jérôme Lefrançais de Lalande, astronome, né à Bourg en Bresse, en 1732, mort en 1807. — J. Charles Borda, savant, né à Dax, en 1733, mort en 1790, a inventé le *Cercle de réflexion* et la méthode des *doubles pesées*. — Simon, marquis de Laplace, profond géomètre né à Beaumont en Auge, en 1749, mort en 1827, membre de l'Institut et de l'Académie française, ministre de l'Intérieur, Sénateur en 1799, pair de France en 1815, Laplace a eu la gloire de compléter Newton, en levant les difficultés que présentait l'explication du système du monde par la gravitation; il a laissé de nombreux ouvrages, entre autres : l'*Exposition du système du monde*, la *Mécanique céleste* et la *Théorie des probabilités*, ses véritables titres de gloire. — Gaspard Monge, géomètre, né à Baune, en 1746, mort en 1818. Monge fut l'un des fondateurs de l'École polytechnique, membre de l'Académie des sciences, président de l'Institut d'Égypte, sénateur et comte de Peluze. Il a laissé plusieurs ouvrages estimés. — Antoine-Nicolas Caritat, marquis de Condorcet, géomètre et philosophe, né à Ribemont, en 1743; membre de la Convention, il s'empoisonna, en 1794, pour échapper au supplice. De ses ouvrages, qui forment 21 volumes in-8°, le plus connu est son *Esquisse des progrès de l'esprit humain*, où il expose ses idées sur le perfectionnement indéfini.

de les engager à convenir d'un même système de
mesures, est de choisir une unité qui, dans sa détermination, ne renferme rien d'arbitraire ni de
particulier à la situation d'aucun peuple sur le
globe ;

» Considérant de plus que l'unité proposée dans
l'avis de l'Académie des sciences, du 19 mars de
cette année, réunit toutes ces conditions,

» A décrété et décrète qu'elle adopte la grandeur du quart du méridien terrestre pour base du
nouveau système de mesures ; qu'en conséquence,
les opérations nécessaires pour déterminer cette
base, telles qu'elles sont indiquées dans l'avis
de l'Académie, et notamment la mesure d'un arc
du méridien, depuis Dunkerque jusqu'à Barcelonne, seront incessamment exécutées ; qu'en conséquence, le roi chargera l'Académie des sciences
de nommer des commissaires qui s'occuperont,
sans delai, de ces opérations, et se concertera avec
l'Espagne pour celles qui doivent être faites sur
son territoire. »

L'Assemblée nationale, ainsi que nous l'avons
dit, mettant en première ligne de toutes les réformes à opérer, celle du système des poids et mesures, et voulant faire jouir promptement la France
et le monde entier de l'avantage immense qui devait en résulter, décrète aussitôt le projet qu'on
vient de lire, adoptant ainsi pour base du système,

au lieu de la longueur du pendule qu'elle avait choisie le 8 mai 1790, la grandeur du quart du méridien terrestre, duquel devait résulter le MÈTRE, qui est la dix-millionième partie de cet arc.

Ce décret fut sanctionné par Louis XVI, le 30 mars 1791.

Aussitôt, l'Académie, répondant à la marque de confiance que lui donnait l'Assemblée nationale, se mit à l'œuvre ; elle nomma cinq commissaires qui devaient se partager les différentes observations que demandait cette difficile entreprise ; Lenoir fut chargé de construire les instruments de précision. Dès le 8 août, l'Assemblée nationale mit à la disposition des commissaires de l'Académie une première somme de cent mille francs, pour pourvoir aux dépenses des études préparatoires et particulièrement à la construction des instruments.

Lorsque ces préparatifs, qui prirent plus d'une année, furent terminés, l'Académie chargea deux de ses membres, Méchain et Delambre [1], de mesurer, en conformité du décret du 26 mars 1791, l'arc du méridien compris entre Dunkerque et Bar-

---

[1] André Méchain, astronome, né à Laon, en 1744, mort en 1805, membre de l'Académie des sciences, a rédigé, de 1785 à 1792, la *Connaissance des temps*, a découvert plusieurs comètes dont il a calculé les orbites. Il passa plusieurs années en Espagne pour mesurer l'arc du méridien entre Rodez et Barcelone ; mais il commit, dans la détermination de la position de cette dernière ville, une erreur qu'il eut le tort de dissimuler. — J.-B. Joseph Delambre, astronome, né à Amiens,

celonne ; Delambre devait mesurer la section comprise entre Dunkerque et Rodez, et Méchain celle comprise entre Rodez et Barcelonne.

Le 10 juin 1792, le gouvernement, dans le but de faciliter et de protéger les observations et les expériences à faire par Delambre et Méchain, publia, par ordre du roi, une proclamation pour inviter les corps administratifs et les municipalités à seconder, de tout leur pouvoir, les savants qui étaient chargés de la mesure géométrique du méridien, en leur procurant des chevaux et des voitures pour le transport de leurs instruments, en empêchant qu'on ne les troublât dans leurs observations et qu'on ne renversât les signaux dont ils seraient dans le cas de faire usage, quels que fussent ces signaux, ou des mâts, ou des réverbères, ou des échafauds, qu'ils fussent placés dans la plaine, ou sur le faîte des clochers, des tours et des châteaux.

Cette proclamation, toute de prévision, qui témoigne mieux que tous les arguments du vif intérêt que l'on portait à cette grande opération, fut faite deux jours avant la sortie du pouvoir, du parti Girondin.

Les commissaires de l'Académie, Méchain et

en 1749, mort en 1822, membre de l'Académie des sciences ; il succéda, en 1807, à Lalande dans la chaire d'astronomie au Collége de France. Il a publié des mémoires qui ont fait faire de grands progrès à la science ; ses principaux ouvrages sont un *Traité complet d'astronomie* et une *Histoire de l'astronomie.*

Delambre, s'étaient mis à l'œuvre dès le 25 juin 1792. La Convention nationale, malgré les bouleversements politiques, ne perdait pas de vue les décrets de l'Assemblée nationale qui avaient posé les principes de l'unité des poids et mesures. Elle offrit donc aux savants une protection efficace; c'est ce qu'établit la proclamation que le gouvernement publia par son ordre, le 31 mars 1793, à peu près dans les termes de celle du 10 juin 1792, pour mettre un terme aux obstacles que leur opposaient l'ignorance des pays qu'ils traversaient, la mauvaise volonté des intérêts froissés et les interprétations politiques que l'on donnait à leurs opérations, ce qui, plusieurs fois, mit leur vie en danger.

Le 1er août 1793, la Convention, dans la séance mémorable où, dans un moment d'énergique colère elle dénonçait à tous les peuples, et même au peuple anglais, la conduite du gouvernement Britannique, rendait un décret en onze articles, par lequel, après avoir proclamé de nouveau le principe émis dans le décret du 26 mars 1791, elle déclarait le système de poids et mesures fondé sur la mesure du méridien, et la division décimale, obligatoire pour tous les citoyens, à partir du 1er juillet 1794.

Pour offrir un témoignage irrécusable des difficultés que l'on a éprouvées lors de l'établissement du système, ainsi que des précautions minutieuses prises alors pour le propager plus sûrement, nous donnons ce décret, qui fut refondu moins de deux années après. Les variations qu'on lui a fait subir en peu d'années, aussi bien dans la forme que dans le fonds, témoignent également des hésitations du législateur et de la hâte que l'on avait de jouir de ses bienfaits; nous donnons également, afin de satisfaire la curiosité du lecteur et pour le mettre à même d'apprécier les perfectionnements apportés au système, le tableau annexé au décret dans lequel étaient établis, avec leurs dénominations plus ou moins bizares, les instruments de mesurage et de pesage destinés à faire l'application du nouveau système, lesquels avaient pour base le Mètre.

DÉCRET DU 1ᵉʳ AOUT 1793.

« La Convention nationale, convaincue que l'uniformité des poids et mesures est un des plus grands bienfaits qu'elle puisse offrir aux citoyens français;

» Après avoir entendu le rapport de son comité d'instruction publique sur les opérations qui ont été faites par l'Académie des sciences, d'après le décret du 8 mai 1790,

» Déclare qu'elle est satisfaite du travail qui a déjà été exécuté par l'Académie des sciences sur le système des poids et mesures; qu'elle en adopte les résultats pour établir ce système dans toute la France, sous la nomenclature du tableau annexé à la présente loi, et *pour l'offrir à toutes les nations;*

» En conséquence, la Convention décrète ce qui suit :

» Art. 1er. — Le nouveau système des poids et mesures, fondé sur la mesure du méridien de la terre et la division décimale, servira uniformément dans toute la France.

» Art. 2. — Néanmoins, pour laisser à tous les citoyens le temps de prendre connaissance de ces nouvelles mesures, les dispositions de l'article précédent ne seront obligatoires qu'au 1er juillet 1794; les citoyens sont seulement invités d'en faire usage avant cette époque.

» Art. 3. — Il sera fait, par des artistes au choix de l'Académie des sciences, des étalons des nouveaux poids et mesures, qui seront envoyés à toutes les administrations de département et de district.

» Art. 4. — L'Académie des sciences nommera quatre commissaires, pris dans son sein, et le comité d'instruction publique en nommera deux pour surveiller la construction des étalons: ils en constateront l'exactitude et signeront les instructions destinées à accompagner les envois qui seront faits par le ministre de l'Intérieur.

» Art. 5. — L'Académie des sciences enverra

au comité d'instruction publique un devis estimatif des frais qu'exigera la construction des étalons, pour que la Convention en puisse décréter les fonds nécessaires.

» Art. 6. — Les étalons seront conservés avec le plus grand soin dans un lieu destiné à cet objet, dont la clef restera entre les mains d'un des commissaires de chaque corps administratif.

» Art. 7. — Afin d'empêcher la dégradation des étalons, les corps administratifs nommeront, dans chaque chef-lieu de département ou de district, une personne éclairée pour assister à la communication que les artistes prendront de ces étalons, dans la vue de construire des instruments de mesures et de poids à l'usage des citoyens.

» Art. 8. — Dès que les nouveaux étalons seront parvenus aux administrations de district, toutes les munipalités de chaque district seront tenues de faire construire des instruments de mesures et de poids qui resteront déposés à la maison commune.

» Art. 9. — Le recueil des différents mémoires rédigés jusqu'à présent par les commissaires de l'Académie, qui comprend les détails des opérations faites pour parvenir au nouveau système des poids et mesures, sera imprimé et accompagnera l'envoi des étalons.

» Art. 10. — La Convention charge l'Académie de la composition d'un livre à l'usage de tous les citoyens, contenant des instructions simples sur la manière de se servir des nouveaux poids et mesures, et sur la pratique des opérations arithmétiques relatives à la division décimale.

» Art. 11. — Des instructions sur les nouvelles mesures et leurs rapports aux anciennes les plus généralement répandues, entreront dans les livres élémentaires d'arithmétique qui seront composés pour les écoles nationales. »

TABLEAU

DU NOUVEAU SYSTÈME DES POIDS ET MESURES

ET DE LEURS DÉNOMINATIONS.

MESURES LINÉAIRES.

VALEURS EN TOISES ET EN PIEDS DE PARIS.

Unité prise dans la nature.

		Toises.
10000000....	QUART DU MÉRIDIEN...	5132430
1000000.....		513243
100000....	GRADE OU DEGRÉ DÉCIMAL DU MÉRIDIEN....	51324
10000.....		5132
1000....	MILLAIRE.....	513

		Pieds.	Pouces.	Lignes.
100.....		307	11	4
10.....		30	9	6.4
1..	MÈTRE.	3	»	11.4
1/10..	DÉCIMÈTRE	»	3	8.344
1/100..	CENTIMÈTRE.	»	»	4.434
1/1000..	MILLIMÈTRE.	»	»	0.443

Unité linéaire. Dix-millionième partie du quart du méridien.

MESURES DE SUPERFICIE.

VALEURS RAPPORTÉES AU MÈTRE. — VALEURS EN PIEDS CARRÉS.

			Mètres carrés.	Pieds carrés.
Unité des mesures de superficie agraires. Carré dont le côté est de 100 mètres.	1	ARE.............	10000	94831
Rectangle dont un des côtés est de 100 mètres, et l'autre de 10 mètres.	1/10	DÉCIARE......	1000	9483.1
Carré dont le côté est de 10 mètres.	1/100	CENTIARE.....	100	948.31

MESURES DE CAPACITÉ.

VALEURS EN PINTES DE PARIS. — VALEURS EN BOISSEAUX.

			Pintes.	Boisseaux.
Mètre cube.	1000	CADE.......	1051 1/3	78.9
	100	DÉCICADE....	105 1/7	7.89
	10	CENTICADE..	10 1/2	0.789
Décimètre cube.	1	PINTE.........	1 1/2	0.0789

POIDS.

VALEURS EN LIVRES POIDS DE MARC.

			Livres.			
Poids du mètre cube d'eau.	1000	BAR OU MILLIER..........	2044.4			
	100	DÉCIBAR................	204.44			
	10	CENTIBAR...............	20.444			

			Livres.	Onces.	Gros.	Grains.
Poids du décimètre cube d'eau.	1	GRAVE...	2	»	5	49
	1/10	DÉCIGRAVE...	3	2	12.1	
	1/100	CENTIGRAVE......		2	44.41	
Poids du centimètre cube d'eau.	1/1000	GRAVET.........		»	18.841	
	1/10000	DÉCIGRAVET......		»	1.8841	
	1/100000	CENTIGRAVET.....		»	0.18841	

UNITÉ MONÉTAIRE.

VALEURS EN POIDS DE MARC.

		Grains.
Pièce d'argent qui pèse la centième partie du grave.	1 FRANC D'ARGENT..............	188.41

———

Le 18 germinal an III, la Convention, sans vouloir attendre la fin des travaux de l'Institut, tant était vif le désir qu'elle éprouvait d'attacher son nom à l'institution que plusieurs siècles avaient eu peine à enfanter, voulut, à la veille de mettre un terme à sa mission, créer d'une manière définitive, indestructible, le système métrique décimal.

Après un court préambule, où les motifs de la nouvelle loi sont suffisamment expliqués, elle décréta la loi du 18 germinal an III, qui, après avoir refondu le décret du 1er août 1793, a établi le système des poids et mesures tel qu'il existe aujourd'hui.

LOI DU 18 GERMINAL AN III.

» LA CONVENTION, voulant assurer au peuple français le bienfait des poids et mesures uniformes et invariables précédemment décrétés, et prendre les moyens les plus efficaces pour en faciliter l'introduction dans toute la France, après avoir entendu le rapport de son comité d'instruction publique, décrète ce qui suit :

» Art. 1er. — L'époque prescrite par le décret du 1er août 1793 (a), pour l'usage des nouveaux poids et mesures, est prorogée, quant à la disposition obligatoire, jusqu'à ce que la Convention y ait statué de nouveau, en raison des progrès de la fabrication (b); les citoyens sont cependant invités de donner une preuve de leur attachement à l'unité et à l'indivisibilité de la République, en se servant, dès à présent, des nouvelles mesures dans leurs calculs et transactions commerciales.

(a) 1er juillet 1794.

(b) Le 1er vendémiaire an IV (23 septembre 1795), il fut fait une loi relative au renouvellement progressif des anciens poids et des anciennes mesures ; elle en ordonnait le remplacement aux frais de l'État. Cette opération devait être terminée dans l'espace de deux ans. Tous les marchands, sur l'exhibition de leur patente, devaient recevoir de nouvelles mesures en échange des anciennes. Le remplacement des anciennes mesures devait commencer à être effectué à Paris, puis dans le département de la Seine, puis dans les autres départements, au fur et à mesure que la fabrication des nouveaux instruments permettrait de le faire.

» Art. 2. — Il n'y aura qu'un seul étalon des poids et mesures pour toute la France ; ce sera une règle de platine sur laquelle sera tracé le *mètre*

qui a été adopté pour l'unité fondamentale de tout
le système des mesures (a).

» Cet étalon sera exécuté avec la plus grande
précision, d'après les expériences et observations
des commissaires chargés de sa détermination, et
il sera déposé près du Corps législatif, ainsi que le
procès-verbal des opérations qui auront servi à le
déterminer, afin qu'on puisse les vérifier dans tous
les temps.

(a) La loi du 19 frimaire an VIII a définitivement fixé la longueur du mètre légal, elle a également reconnu le kilogramme
pour étalon.

» Art. 3. — Il sera envoyé dans chaque chef-
lieu de district un modèle conforme à l'étalon prototype dont il vient d'être parlé, et, en outre, un
modèle de poids exactement déduit du système des
nouvelles mesures. Ces modèles serviront à la fabrication de toutes les sortes de mesures employées
aux usages des citoyens.

» Art. 4. — L'extrême précision qui sera donnée à l'étalon en platine ne pouvant pas influer sur
l'exactitude des mesures usuelles, ces mesures
continueront d'être fabriquées d'après la longueur
du mètre (a), adoptée par les décrets antérieurs.

(a) La loi du 1er août 1793 avait donné au mètre une longueur de 3 pieds 11 lignes 440 millièmes ; la loi du 19 frimaire
an VIII l'a définitivement fixée à 3 pieds 11 lignes 296 millièmes.

» Art. 5. — Les nouvelles mesures seront distinguées dorénavant par le surnom de *Républicaines* (*a*), leur nomenclature est définitivement arrêtée comme il suit.

» On appellera :

» *Mètre*, la mesure de longueur égale à la dixmillionième partie de l'arc du méridien terrestre compris entre le pôle boréal et l'équateur ;

» *Are* (*b*), la mesure de superficie pour les terrains, égale à un carré de dix mètres de côté ;

» *Stère* (*c*), la mesure destinée particulièrement au bois de chauffage, et qui sera égale au mètre cube ;

» *Litre* (*d*), la mesure de capacité, tant pour les liquides que pour les matières sèches, dont la contenance sera celle du cube de la dixième partie du mètre ;

» *Gramme* (*e*), le poids absolu d'un volume d'eau pure, égal au cube de la centième partie du mètre, et à la température de la glace fondante ;

» Enfin, l'unité des monnaies prendra le nom de *Franc* (*f*) pour remplacer celui de *Livre* usité jusqu'aujourd'hui.

(*a*) Ce surnom n'a pas prévalu ; on dit simplement : *mesures métriques*.

(*b*) Sous l'empire de la loi du 1er août 1793, cette mesure avait pris le nom de déciare ; l'are de 1793 a été remplacé par l'hectare.

(*c*) Le stère avait, sous l'empire de la loi de 1793, pris le nom de cade, en tant qu'il représentait un mètre cube ; car cette loi n'avait pas établi de mesure spéciale pour le bois de chauffage.

(*d*) Le litre fut d'abord nommé pinte, puis cadil.

(*e*) Le gramme se nommait gravet, sous l'empire de la loi de 1793, de même que le kilogramme se nommait grave.

(*f*) La loi du 28 thermidor an III a fixé à 5 grammes le poids du franc ; son titre a été réglé par la même loi à 9/10es de fin et 1/10e d'alliage.

» **Art. 6.** — La dixième partie du mètre se nommera *décimètre*, et sa centième partie *centimètre* ;

» On appellera *décamètre* une mesure égale à dix mètres, ce qui fournit une mesure très commode pour l'arpentage ;

» *Hectomètre* (*a*) signifiera une longueur de cent mètres ;

» Enfin, *kilomètre* (*a*) et *myriamètre* (*a*) seront des longueurs de mille et dix mille mètres, et désigneront principalement les distances itinéraires.

(*a*) Le mot hectomètre n'a pas prévalu dans le langage ; lorsqu'il s'agit d'une distance de moins de mille mètres, on dit : 100, 500, 900 mètres ; on fait usage du mot myriamètre, mais on se sert plus communément de la mesure du kilomètre qui représente une distance dix fois moins grande que le myriamètre ; dire 1000 kilomètres, c'est comme si on disait 100 myriamètres ou 1,000,000 de mètres. Dans la loi de 1793, le kilomètre se nommait millaire.

» **Art. 7.** — Les dénominations des mesures des

autres genres seront déterminées d'après les mêmes principes que celles de l'article précédent.

» Ainsi, *décilitre* sera une mesure de capacité
dix fois plus petite que le litre ; *centigramme* sera la
centième partie du poids d'un gramme.

» On dira de même *décalitre* pour désigner une
mesure contenant dix litres ; *hectolitre* pour une
mesure égale à cent litres ; un *kilogramme* sera un
poids de mille grammes.

» On composera d'une manière analogue le s
noms de toutes les autres mesures (*a*).

» Cependant, lorsqu'on voudra exprimer les
dixièmes ou les centièmes d'un franc, unité des
monnaies, on se servira des mots *décime* et *centime*, déjà reçus en vertu des décrets antérieurs.

(*a*) Voici le résumé de la nomenclature légale ; d'un coup
d'œil on en comprendra les divisions qui sont, d'ailleurs, très
simples.

UNITÉS DU SYSTÈME.

Mètre. — Litre. — Gramme. — Are. — Stère. — Franc.

MULTIPLES.		DIVISEURS	
Myria	10.000	Deci	10e partie
Kilo	1.000	Centi	100e partie
Hecto	100	Milli	1000e partie
Deca	10		

Myriamètre		Mètres
Myriagramme (A)	10.000	Grammes
Myriare (A)		Ares

MULTIPLES.		DIVISEURS.
Kilomètre		Mètres
Kilolitre (A)	1.000	Litres
Kilogramme		Grammes
Hectomètre (A)		Mètres
Hectolitre	100	Litres
Hectogramme		Grammes
Hectare		Ares
Décamètre		Mètres
Décalitre	10	Litres
Décagramme		Grammes
Décastère (A)		Stères
Décimètre		Mètre
Décilitre		Litre
Décigramme	10ᵉ partie du	Gramme
Décistère (A)		Stère
Décime		Franc
Centimètre		Mètre
Centilitre		Litre
Centigramme	100ᵉ partie du	Gramme
Centiare		Are
Centime		Franc
Millimètre		Mètre
Millilitre (A)	1000ᵉ partie du	Litre
Milligramme		Gramme

(A) Le nom myriagramme n'a pas été conservé, on dit dix kilogrammes ; — il en est de même du nom myriare qui est fort peu euphonique, dans l'usage on dit cent hectares ; — kilolitre est peu usité, on dit dix hectolitres ; — au lieu d'hectomètre, on dit cent mètres ; — il en est de même de décastère pour dix stères, de décistère, de millilitre : ce sont simplement des mots qui n'ont pas été adoptés dans le langage, bien que dans l'usage on adopte la chose qu'ils devaient indiquer.

» **Art. 8.** — **Dans les poids et les mesures de capacité, chacune des mesures décimales de ces deux genres aura son double et sa moitié, afin de donner à la vente des divers objets toute la commodité que l'on peut désirer : il y aura donc le** *double litre* **et le** *demi-litre;* **le** *double hectogramme* **et le** *demi-hectogramme,* **et ainsi des autres.**

» **Art. 9** (a). — **Pour rendre le remplacement des anciennes mesures plus facile et moins dispendieux, il sera exécuté par parties et à différentes époques. Ces époques seront décrétées par la Convention nationale, aussitôt que les mesures républicaines se trouveront fabriquées en quantités suffisantes, et que tout ce qui tient à l'exécution de ces changements aura eté disposé. Le nouveau système sera d'abord introduit dans les assignats et monnaies, ensuite dans les mesures linéaires ou de longueur, et progressivement étendu à toutes les autres.**

(a) Dispositions transitoires.

» **Art. 10.** — **Les opérations relatives à la détermination de l'unité des mesures de longueur et de poids, déduites de la grandeur de la terre, commencées par l'Académie des sciences** (a), **et suivies par la commission temporaire des mesures, en** conséquence des décrets des 8 mai 1790 et 1er août 1793, seront continuées, jusqu'à leur entier achèvement, par des commissaires particuliers, choisis principalement parmi les savants qui y ont concouru jusqu'à présent, et dont la liste sera arrêtée par le comité d'instruction publique. Au moyen de ces dispositions, l'administration dite commission temporaire des poids et mesures, est supprimée (b).

(a) L'Académie des sciences avait été abolie en 1793.

(b) Le 11 septembre 1793, la Convention avait créé cette commission temporaire pour donner suite aux opérations relatives à l'établissement des mesures uniformes en France; on avait conservé les savants qui jusqu'alors avaient coopéré conjointement à ce travail; on avait donné à la commission un local dans le voisinage de la Convention, afin de permettre aux Conventionnels de suivre ses travaux; enfin, on avait alloué aux membres de la commission une indemnité de dix francs par jour, pendant tout le temps que dureraient les opérations.

» Art. 11 (a). — Il sera formé, en remplacement, une agence temporaire, composée de trois membres, et qui sera chargée, sous l'autorité de la commission d'instruction publique, de tout ce qui concerne le renouvellement des poids et mesures, sauf les opérations confiées aux commissaires particuliers dont il est question dans l'article précédent.

» Les membres de cette agence seront nommés par la Convention nationale (b), sur la proposition de son comité d'instruction publique. Leur traitement sera réglé par ce comité, en se concertant avec celui des finances.

(*a*) Dispositions transitoires.

(*b*) En conséquence de cette disposition, la Convention, par la loi du 22 germinal an III, nomma Legendre, Coquebert et François Gattey membres de l'agence temporaire.

» **Art. 12** (*a*). — Les fonctions principales de l'agence temporaire seront :

» 1° de rechercher et employer les moyens les plus propres à faciliter la fabrication des nouveaux poids et mesures pour les usages de tous les citoyens ;

» 2° De pourvoir à la confection et à l'envoi des modèles qui doivent servir à la vérification des mesures dans chaque district ;

» 3° De faire composer ou répandre les instructions convenables pour apprendre à connaître les nouvelles mesures et leurs rapports avec les anciennes ;

» 4° De s'occuper des dispositions qui deviendraient nécessaires pour régler l'usage des mesures républicaines et de les soumettre au comité d'instruction publique, qui en fera rapport à la Convention nationale ;

5° D'arrêter les états de dépenses de toutes les opérations qu'exigeront la détermination et l'établissement des nouvelles mesures, afin que ces dépenses puissent être acquittées par la commission d'instruction publique ;

» **6° Enfin**, de correspondre avec les autorités constituées et les citoyens dans toute la République sur tout ce qui sera utile pour hâter le renouvellement des poids et mesures.

(*a*) Dispositions transitoires.

» **Art. 13.** — La fabrication des mesures républicaines sera faite, autant que possible, par des machines, afin de réunir à l'exactitude, la facilité et la célérité dans les procédés, et, par conséquent, de rendre l'achat des mesures d'un prix médiocre pour les citoyens.

» **Art. 14.** — L'agence temporaire favorisera la recherche des machines les plus avantageuses ; elle en commandera, s'il en est besoin, aux artistes les plus habiles, ou les proposera au concours, suivant les circonstances. Elle pourra aussi accorder des encouragements en avances, matières ou machines, aux entrepreneurs qui prendraient des engagements convenables pour quelque partie importante de la fabrication des nouveaux poids et mesures (*a*). Mais, dans tous les cas, l'agence sera tenue de prendre l'autorisation du comité d'instruction publique.

(*a*) La commission temporaire ne négligea rien pour satisfaire à toutes les obligations qu'on lui imposait.

» **Art. 15.** — L'agence temporaire déterminera les formes des différentes sortes de mesures (*a*), ainsi que les matières dont elles devront être faites (*b*), de manière que leur usage soit le plus avantageux possible.

(*a*) En rapprochant cet article des articles 5 et 7, on doit reconnaître que, dans la pensée du législateur, le mot *mesure* est employé comme terme générique ; le poids est une mesure de pesanteur.

(*b*) Cette précaution était fort sage : il y fut dérogé, en ce qui concerne la forme seulement, le 7 floréal an VIII, par un arrêté des Consuls qui autorisa les balanciers à donner aux poids telle forme qu'ils voudraient adopter, aussi vit-on aussitôt apparaître dans le commerce une foule de poids aux formes les plus variées, qui étaient fabriqués de manière à tromper, par leur apparence, sur la réalité de leur pesanteur, comme, par exemple, les poids en forme de cloche. L'article 12 de l'ordonnance du 17 avril 1839 a complètement reproduit l'article 15 ci-dessus ; aujourd'hui ses prescriptions sont rigoureusement exécutées. Plus tard, la proclamation du 11 thermidor an VII prescrivit, dans l'intérêt de la santé publique, que les mesures pour les liquides seraient établies en étain, et que l'étain qui serait employé à la fabrication de ces mesures pourrait contenir 16 1/2 pour cent d'alliage, avec une tolérance de 1 et 1/2 pour cent, de telle sorte que l'étain contenant 18 pour cent d'alliage fut admis au poinçonnage. Cette quantité d'alliage a été de nouveau déterminée par l'ordonnance du 16 juin 1839 ; il est fâcheux qu'avant de prendre cette détermination, on ait négligé de consulter l'Académie des sciences, et que l'on s'en soit tenu aux données des chimistes de 1799 ; il résulte de travaux et d'expériences faits par Payen et par Poinsot, que les vases en alliage, ne contenant même que 10 parties de plomb avec 90 d'étain, aussi bien que ceux en zinc, sont violemment attaqués par la bière, par le cidre, par le vin et peuvent occasionner de

graves accidents toxiques ; il serait, nous croyons, sage d'interdire l'usage des mesures faites avec l'étain allié au plomb qui,
d'ailleurs d'un prix très élevé, se déforment au moindre choc,
et pourraient être remplacées, avec avantage, par des mesures
en fer battu ou en ferblanc.

» Art. 16. — Il sera gravé sur chacune de ces
mesures leur nom particulier (a), elles seront, en
outre, marquées du poinçon de la République (b)
qui en garantit l'exactitude.

(a) Cette prescription a été reproduite dans l'article 11 de
l'ordonnance du 17 avril 1839 et dans celle du 16 juin de la
même année.

(b) Prescription reproduite dans l'ordonnance du 17 avril
1839, articles 10 et 13.

» Art. 17. — Il y aura, à cet effet, dans chaque
district, des vérificateurs chargés de l'apposition
du poinçon. La détermination de leur nombre et
de leurs fonctions fera partie des règlements (a)
que l'agence préparera, pour être ensuite soumise
à la Convention nationale par son comité d'instruction publique.

(a) Nous consacrerons un chapitre à tout ce qui concerne les
vérificateurs et l'organisation de leur service.

» Art. 18 (a). — Le choix des mesures appropriées à chaque espèce de marchandise, aura lieu
de manière que, dans les cas ordinaires, on n'ait

pas besoin de fractions plus petites que les centièmes.

» L'agence recherchera les moyens de remplir
cet objet, en s'écartant, le moins possible, des
usages du commerce.

(a). Dispositions transitoires.

» Art. 19. — Au lieu des tables de rapports entre les anciennes et les nouvelles mesures, qui
avaient été ordonnées par le décret du 8 mai 1790,
il sera fait des échelles graphiques pour estimer
ces rapports, sans avoir besoin d'aucun calcul (a).
L'agence est chargée de leur donner la forme la
plus avantageuse, d'en indiquer la méthode et de
la répandre autant qu'il sera nécessaire.

(a) L'échelle graphique n'ayant pas plus été établie que les
tables de rapports, le Directoire arrêta, le 3 nivose an VI, que
l'ingénieur en chef et les professeurs de mathématiques et de
physique de l'école centrale de chaque département rédige-
raient, sous la présidence d'un membre de l'administration
centrale, un tableau comprenant les poids et les mesures en
usage dans toutes les communes et leurs rapports avec les mesures nouvelles.

» Art. 20. — Pour faciliter les relations commerciales entre la France et les nations étrangères,
il sera composé, sous la direction de l'agence, un
ouvrage qui offrira les rapports des mesures françaises avec celles des principales villes de commerce des autres peuples (a).

(a) Cet ouvrage n'a jamais été complètement fait, et, l'eût-il été, qu'il n'aurait jamais été assez répandu pour que chacun pût prendre connaissance de ses enseignements; dès lors, le but du législateur était manqué. Le seul moyen réel, certain, de faciliter les relations commerciales entre nations, est de faire pour elles ce que la Constitution de l'an III a fait pour la France, de déclarer qu'il y a, dans le monde entier, uniformité de poids et de mesures.

» **Art. 21** *(a)*. — Pour subvenir à toutes les dépenses relatives à l'établissement des nouvelles mesures, ainsi qu'aux avances indispensables pour le succès de cette opération, il y sera affecté provisoirement un fonds de cinq cent mille livres *(b)* que la trésorerie nationale tiendra, à cet effet, à la disposition de la commission d'instruction publique.

(a) Disposition transitoire.

(b) C'est pour la dernière fois que, dans une loi sur les poids et mesures, paraît le mot *livre*; à l'avenir, ainsi que le veut l'article 5 ci-dessus de cette loi, il sera remplacé par le mot *franc*.

» **Art. 22.** — La disposition de la loi du 24 novembre 1793 *(a)* qui rend obligatoire l'usage de la division décimale du jour et de ses parties, est suspendue indéfiniment *(b)*.

(a) Aux termes de cette loi, l'année commençait à l'époque du solstice d'automne, c'est-à-dire le 22 septembre. L'année se divisait en douze mois qui devaient se rapprocher, le plus possible, des lunaisons. A l'exemple des Égyptiens de l'antiquité, dont l'année se divisait en douze mois égaux, suivis de cinq

jours épagomènes, les mois républicains furent divisés en trente jours chacun qui, pour compléter l'année étaient suivis de cinq jours qui n'appartenaient à aucun mois et reçurent le nom de *sansculottides*. Tous les quatre ans, afin de maintenir la coïncidence entre l'année solaire et l'année civile, il était ajouté un jour aux jours complémentaires : il fut appelé *jour de la révolution*, et l'année elle-même *franciade*. Chaque mois était, en outre, divisé en trois parties égales, de dix jours chacune, nommées *décades*. Les noms des jours furent : *primidi*, *duodi*, *tridi*, *quartidi*, *quintidi*, *sextidi*, *septidi*, *octidi*, *nonidi*, *decadi* ; les noms des mois furent : pour l'automne, *vendémiaire*, *brumaire*, *frimaire* ; pour l'hiver, *nivôse*, *pluviôse*, *ventôse* ; pour le printemps, *germinal*, *floréal*, *prairial* ; pour l'été, *messidor*, *thermidor*, *fructidor*. Le jour se comptait de minuit à minuit et se divisait en dix parties ou heures ; la cinquième partie de l'heure était appelée *minute décimale*, la centième partie de l'heure, *seconde décimale*. Le calendrier français, mis en vigueur à partir du 22 septembre 1792, jour où la République avait été proclamée par la Convention, créait une ère particulière à la France, à l'imitation des Tyriens, qui dataient du recouvrement de leur liberté ; des Romains, de la fondation de Rome ; des Juifs de la création du monde ; des Musulmans, de la fuite de Mahomet ; des Chrétiens, de la naissance de N. S. Jésus-Christ, etc. ; il fut abrogé par un sénatus consulte, en date du 9 septembre 1805 (22 fructidor an XIII).

(*b*) Le jour devant être divisé en dix heures, la Convention, par un décret, en date du 21 pluviose an II (9 février 1794), appela tous les artistes de la France à concourir, afin d'arrêter l'organisation la plus simple, la plus solide et la moins coûteuse à donner aux horloges pour leur faire marquer les heures nouvelles, et, dès le 4 fructidor de la même année, elle nomma un jury afin de juger du mérite du concours. Jamais cette division n'a pu être établie, et l'on peut considérer l'article 22 comme abrogeant implicitement la loi du 4 frimaire an II, en ce qui concerne les nouvelles divisions du jour.

» Art. 23. — Les articles des lois antérieures au présent décret, et qui y sont contraires, sont abrogés (a).

(a) Formule adoptée par la prudence des législateurs, qui s'évitent ainsi la peine de rechercher et d'indiquer nommément les articles de loi qu'ils veulent abroger.

» Art. 24. — Aussitôt après la publication du présent décret, toute fabrication des anciennes mesures est interdite en France, ainsi que toute importation des mêmes objets venant de l'étranger, à peine de confiscation et d'une amende du double de la valeur desdits objets.

» La commission des administrations civiles, police et tribunaux, et celle des revenus nationaux sont chargées de l'exécution du présent article.

» Art. 25. — Dès que l'étalon prototype des mesures de la France aura été déposé au Corps législatif (a) par les commissaires chargés de sa confection, il sera élevé un monument pour le conserver et le garantir de l'injure des temps.

» L'agence temporaire s'occupera d'avance du projet de ce monument, destiné à consacrer, de la manière la plus indestructible, la création de la République, les triomphes du peuple français et

l'état d'avancement où les lumières sont parvenues
dans son sein (*b*).

(*a*) L'étalon prototype du mètre et celui du kilogramme furent déposés, ainsi que nous le verrons plus loin, le 3 messidor
an VII.

(*b*) Pour concevoir, rédiger et exécuter un projet répondant
à la pensée de la Convention, il eut fallu une réunion de poètes,
de Bramante, de Michel-Ange, de Raphaël, et à leur tête,
pour les inspirer, un Jules II, un Léon X, un Justinien ou un
Louis XIV : cette pensée grandiose n'eut naturellement aucune
suite.

» Art. 26. — Le comité d'instruction publique
est chargé de prendre tous les moyens de détail
nécessaires pour l'exécution du présent décret et
l'entier renouvellement des poids et mesures dans
toute la France.

» Il proposera successivement à la Convention
les dispositions législatives qui devront en dé-
pendre (*a*).

(*a*) Disposition transitoire.

» Art. 27. — L'agence temporaire rendra compte de ses opérations à la commission d'instruction
publique et au comité de ce nom, avec lequel elle
pourra correspondre directement pour la célérité
des opérations (*a*).

(*a*) Disposition transitoire.

» **Art. 28.** — Il est enjoint à toutes les autorités constituées, ainsi qu'aux fonctionnaires publics, de concourir, de tout leur pouvoir, à l'opération importante du renouvellement des poids et mesures (*a*). »

(*a*) Cette loi témoigne, dans son ensemble, de la volonté ferme de la Convention nationale de voir aboutir le nouveau système des poids et mesures.

Malgré la disposition impérative qui termine cette loi, le système décimal ne fut établi qu'avec lenteur dans les différentes branches de l'administration publique, en voici quelques exemples : pour faire appliquer les nouveaux poids et mesures à la taxe des lettres, il fallut rendre la loi du 27 frimaire an VIII ; le système décimal ne fut mis en vigueur, pour opérer la perception des droits de Douane, qu'en suite de l'arrêté du 14 fructidor an IX ; pour les rations des chevaux de troupes, le 9 vendémiaire an X ; pour la médecine et la pharmacie, le 2 frimaire au XI ; pour les employés du ministère de l'intérieur, le 11 fructidor, an XIII ; pour les hospices et hôpitaux, le 30 frimaire an XIV, etc., etc.

La Constitution du 5 fructidor an III, venant, à son tour, corroborer les précédents décrets, posa en principe constitutif l'uniformité des poids et mesures en ces termes : « Art. 371. — IL Y A DANS LA RÉPUBLIQUE UNIFORMITÉ DE POIDS ET MESURES. »

Le 1ᵉʳ vendémiaire an IV, la Convention décréta une loi dont nous avons déjà fait mention (voir la note *b* de l'article 1ᵉʳ de la loi du 18 germinal an III) qui, dans le but d'accélérer la mise en vigueur du nouveau système, après avoir ordonné que les nouvelles mesures seraient données gratuitement par l'État, défendait (art. 9) aux notaires et autres officiers publics, sous peine de payer une amende de cinquante francs, de faire mention, dans leurs actes, de mesures autres que les mesures républicaines ; dans l'article 10, elle disait qu'aucun papier, livre de commerce, titre ou lettre missive ne pourrait être produit en justice, sans qu'au préalable, la traduction des anciennes mesures ait été faite ; puis, venait l'article 11, reproduit, quant à ses prescriptions, par l'article 28 et suivants de l'ordonnance royale du 17 avril 1839 qui ordonnait aux autorités municipales de faire des visites fréquentes dans les boutiques et les magasins, dans les foires et marchés, tant pour surveiller le débit des marchandises que pour s'assurer de l'exactitude et du fidèle usage des poids et mesures ainsi que de leur justesse ; enfin, venait l'article 13 qui instituait dans les principales communes de France des vérificateurs chargés d'apposer le poinçon sur les mesures nouvelles.

Malgré la sévérité des peines, puisque les possesseurs de mauvaise foi de mesures fausses pouvaient être traduits en police correctionnelle et punis d'une amende d'une valeur égale à celle de la patente, les prescriptions les plus impératives de cette loi sont restées sans exécution, nous ne les avons mentionnées que pour mémoire : elles ont été, pour la plupart, reproduites dans la loi du 4 juillet 1837 et dans l'ordonnance royale du 17 avril 1839.

Ce ne fut qu'après sept années d'un travail continu, poursuivi au milieu de dangers sans nombre, que Méchain et Delambre purent, en 1798, présenter au gouvernement les mémoires qu'ils avaient rédigés.

Nous n'entrerons pas dans de longs détails sur la grande opération que Delambre et son collègue ont menée à bonne fin ; il nous suffira de dire que la mesure d'un arc du méridien étant celle d'une courbe invariable, semblable en toutes ses parties, et le terrain parcouru dans l'espace qui sépare les deux extrémités de l'arc, offrant mille inégalités, il leur a fallu tenir compte de toutes les courbures et de toutes les sinuosités, et les ramener à un même niveau par la réduction de plus de dix mille triangles, plans ou sphériques.

Sans diminuer le mérite de l'œuvre des deux savants, et tout en appréciant les difficultés sans nombre qu'ils ont eu à vaincre, reconnaissons cependant que leurs travaux furent rendus plus faciles par ceux de Picard, des trois Cassini et de Lacaille en France ; de Lacondamine, de Maupertuis, le premier au Pérou, le second en Laponie ; et s'ils ont pu faire en sept ans, au milieu de perturbations sans exemple, ce que Lacaille et les trois générations de Cassini n'avaient fait qu'en trente-cinq années, au milieu d'une tranquillité profonde, c'est que, le plus souvent, ils n'ont eu qu'à refaire, vérifier ou rectifier les opérations de leurs prédécesseurs, dont les défauts tenaient uniquement à l'imperfection de leurs instruments. Comme eux, ils basèrent leurs calculs sur l'hypothèse de l'aplatissement de la terre au pôle d'un 334ᵉ, déterminé par Lacondamine et Maupertuis. En faisant ces réflexions, il est loin de notre pensée, nous le répétons, de vouloir amoindrir le mérite des deux illustres académiciens qui ont eu la gloire de poser les bases définitives du système métrique des poids et mesures, mais nous avons cru qu'il était de toute justice de rendre à chacun ce qui lui appartient.

Aussitôt que les mémoires de Méchain et de Delambre eurent été remis à l'Institut, qui avait remplacé l'Académie des sciences, abolie en 1793, cette docte assemblée fit aussitôt un appel à toutes les nations et nomma ensuite une commission de vingt-deux membres, tant français qu'étrangers, pour s'occuper exclusivement des travaux scientifiques relatifs à l'établissement définitif du nouveau système de poids et mesures. Voici leurs noms :

Van Swinden, envoyé par la république Batave ; Balbo, puis Vassali, députés par le roi de Sardaigne ; Bugge, du Danemarck ; Ciscar et Pederayes, envoyés par le roi d'Espagne ; Fabroni, pour la Toscane ; Franchini, pour Rome ; Maccheroni, pour la république Cisalpine ; Multedo, député de la république Ligurienne ; Tralès, de l'Helvétie ; le savant mathématicien Borda, inventeur de l'instrument de précision qui porte son nom (cercle de Borda); le savant naturaliste Brisson ; le physicien Coulomb ; Darcet, aussi docte médecin qu'habile chimiste ; Delambre, dont nous avons déjà plusieurs fois mentionné le nom ; le savant mathématicien Lagrange ; le célèbre Laplace, auteur de l'ouvrage intitulé : *Exposition du système du monde,* que nous envient tous les peuples étrangers ; Lefèbvre-Ginault ; Legendre, célèbre par les progrès qu'il a fait faire à la partie des mathématiques qui concerne la mécanique céleste, et surtout par ses *Éléments de géométrie ;* Méchain, mort en Espagne où il s'était rendu pour prolonger l'arc du méridien mesuré par lui jusqu'à Barcelonne, et de Prony, depuis professeur à l'École polytechnique.

Cette commission forma dan sons sein deux sous-commissions spéciales, l'une pour faire les calculs de la méridienne, l'autre pour déterminer l'unité des poids.

La sous-commission des calculs de la méridienne, acceptant les bases fournies par le travail de Méchain et de Delambre, fit, refit, examina, discuta, compulsa avec la plus sévère et la plus minutieuse exactitude le journal de leurs opérations ; elle refit, par des méthodes différentes, les calculs de ces savants ; enfin, comptant comme eux l'aplatissement de la terre aux pôles pour un 334e, elle parvint à déterminer et détermina effectivement la distance du pôle boréal à l'équateur.

Le résultat obtenu fut, en conformité du décret du 1er août 1793, divisé en dix millions de parties, et l'une de ces parties ou le quotient de la division fut la longueur fixée pour être l'unité fondamentale du nouveau système de poids et mesures ; on lui donna le nom de MÈTRE, du grec *mètron* qui signifie mesure.

La longueur du mètre fut définitivement fixée à à 3 pieds 11 lignes 296 millièmes de ligne de la toise du Pérou, au lieu de 3 pieds 11 lignes 440 millièmes arrêtés par la loi du 1er août 1793.

Deux mètres en platine, pour servir d'étalons, furent construits par le célèbre Lenoir, sous la surveillance d'une commission spéciale.

La sous-commission chargée de déterminer l'unité de poids se mit à l'œuvre et arrêta aussitôt en principe que : de même que les mesures linéaires et de superficie avaient été déduites du mètre, l'unité de pesanteur aurait également la mesure du mètre ou ses dérivés pour base.

Pour parvenir à trouver cette unité, on construisit un cylindre droit et creux, fermé de toutes parts, dont la hauteur était égale au diamètre, dimensions qui furent très exactement déterminées. Le volume fut trouvé de **11** décimètres cubes 29,00054. Le cylindre fut pesé dans l'air, en ramenant, par des calculs, la pesanteur trouvée à celle que l'on eût obtenue si on l'eût pesé dans le vide ; il fut ensuite pesé dans l'eau distillée, ramenée au *maxi-mum* de sa densité (4° 3 au-dessus de zéro), et la différence des deux poids donna le poids du volume de cette eau égal au volume du cylindre ; d'où la conclusion : qu'*un décimètre* cube d'eau distillée, ramenée à quatre degrés 3|10ᵉˢ centigrades au-dessus de zéro, *maximum* de sa densité, et pesée dans le vide, pèse 2 livres 5 gros 35 grains 15 centièmes de grain, poids de marc, valeur définitivement adoptée pour le Kilogramme.

Un étalon en platine du kilogramme fut construit par Fortin et déposé aux archives ; sa forme est celle d'un cylindre dont la hauteur est égale au diamètre, 38 millimètres 55 ; son volume est de 43 centimètres cubes et 1|3.

L'unité de mesure, le mètre, et celle de pesanteur, le kilogramme, étant ainsi déterminées sur des bases qui n'offrent rien d'arbitraire, si les étalons qui sont déposés aux archives venaient à être détruits, on retrouverait, très facilement et très exactement, leur valeur primitive ; pour y parvenir, il ne s'agirait que de rétablir le mètre, ce que l'on arriverait à faire sans qu'il fût pour cela nécessaire de procéder de nouveau à la mesure du méridien terrestre, voici comment.

Dans une pensée de sage prévision, Borda établit le rapport existant entre le mètre légal et le pendule en platine qui existe à l'Observatoire de Paris. Ayant reconnu que toutes les oscillations du pendule sont *isochrones,* c'est-à-dire qu'elles se font dans des temps égaux, et que le nombre des oscillations faites par deux pendules d'inégale longueur est en raison inverse des racines carrées de ces longueurs, il en tira la conséquence que, si le pendule sexagésimal de Paris qui bat les secondes, et a une longueur de 440 lignes 5593 ou 0 mètre 99385, fait, étant réduit à la congélation dans le vide, 86400 oscillations en vingt-quatre heures, un pendule qui aura un mètre de longueur, fera, conséquemment, dans les mêmes conditions et dans le même espace de temps, 86140 oscillations 1|2.

Ainsi, on le voit, rien de plus facile que d'établir ou de rétablir, à l'aide du pendule, un mètre d'une exactitude mathématique. Mais n'anticipons pas sur les faits.

Les travaux de l'Institut étant terminés, le rapport rédigé par Van Swinden fut présenté par Tralès au Corps législatif avec les étalons prototypes du MÈTRE et du KILOGRAMME, le 4 messidor an VII; ils furent déposés le même jour aux archives de l'État.

Ce rapport fut suivi de la loi du 19 frimaire an VIII, complément de la loi du 18 germinal an III.

Voici le texte de cette loi qui suivit, à un mois de distance, les événements du 18 brumaire et fut votée trois jours seulement avant la constitution du 22 frimaire an VIII.

LOI DU 19 FRIMAIRE AN VIII.

« La commission du conseil des Anciens (a), créée par la loi du 19 brumaire, adoptant les motifs de la déclaration d'urgence qui précède la déclaration ci-après, approuve l'acte d'urgence ;

» La commission du conseil des Cinq-cents, créée par la loi du 19 brumaire an VIII, délibérant sur la proposition formelle de la commission consulaire exécutive (a), contenue dans son message du 4 de ce mois, d'adopter définitivement le mètre et le kilogramme déposés au Corps législatif par l'Institut national des sciences et des arts, et de frapper une médaille qui transmette à la postérité l'opération qui lui sert de base ;

» Considérant qu'on ne peut trop s'empresser de fixer la valeur du mètre et celle du kilogramme avec toute la précision que lui assurent les travaux des savants qui l'ont déterminée, et de consacrer l'époque glorieuse, pour la nation française, à laquelle a été consommée une opération aussi vaste et d'un aussi grand intérêt, déclare qu'il y a urgence.

» La Commission, après avoir déclaré l'urgence,
prend la résolution suivante :

(a) Le lendemain du 18 brumaire, le conseil des Cinq-cents
se réunit au nombre de trente membres, sous la présidence de
Lucien Bonaparte ; après un discours apologétique de Lucien
qui avait de longue main préparé et assuré le succès du 18 brumaire, Chazal fit une proposition, adoptée le même jour, qui,
abolissant le Directoire, renvoya du Corps législatif cinquante-
quatre membres, créa une commission consulaire exécutive, in-
vestie du pouvoir directorial, composée du général Bonaparte,
de Siéyès et de Roger Ducos, ajourna au 1er ventôse suivant
(à 3 mois et 11 jours) le Corps législatif et arrêta que chaque
conseil nommerait une commission de 25 membres qui, sur la
proposition de la commission exécutive, pourrait statuer sur
tous les objets *urgents* de police, de législation et de finances.
C'est ainsi que s'explique le préambule de la loi du 19 frimaire
an VIII : déclaration d'urgence, proposition de la commission
consulaire, vote de la loi par la commission du conseil des
Cinq-cents, puis par la commission du conseil des Anciens.

» Art. 1er. — La fixation provisoire du mètre à
trois pieds onze lignes quatre cent quarante mill-
lièmes, ordonnée par les lois du 1er août 1793 et
18 germinal an III, demeure révoquée et comme
non avenue. Ladite longueur, formant la dix-millionnième partie de l'arc du méridien terrestre
compris entre le pôle nord et l'équateur, est définitivement fixée, dans son rapport avec les anciennes mesures, à trois pieds onze lignes deux
cent quatre-vingt-seize millièmes (a).

(*a*) A ce sujet, nous ferons suivre cette loi de quelques observations.

» Art. 2. — Le mètre et le kilogramme (*a*) en platine, déposés le 4 messidor dernier au Corps législatif par l'Institut national des sciences et des arts, sont des étalons définitifs des mesures (*b*) de longueur et de poids dans toute la France. Il en sera remis à la commission consulaire des copies exactes pour servir à diriger la confection des nouvelles mesures et des nouveaux poids.

(*a*) Le kilogramme, poids du décimètre cube d'eau, est le type de l'étalon des mesures de pesanteur ; mais tous les poids ont pour élément le *gramme* qui est la millième partie du kilogramme.

(*b*) Voir la note *a* mise à la suite de l'article 15 de la loi du 18 germinal an III.

» Art. 3. — Les autres dispositions de la loi du 18 germinal an III (*a*), concernant tout ce qui est relatif au système métrique ainsi qu'à la nomenclature et à la confection des nouveaux poids et des nouvelles mesures, continueront à être observées.

(*a*) Cette loi n'a innové sur celle de l'an III, qu'en ce qui concerne la longueur du mètre et, par conséquent, la pesanteur des poids.

» Art. 4. — Il sera frappé une médaille pour

transmettre à la postérité l'époque à laquelle le système métrique a été porté à sa perfection, et l'opération qui lui sert de base. L'inscription du côté principal de la médaille sera : A TOUS LES TEMPS, A TOUS LES PEUPLES (a), et dans l'exergue : RÉPUBLIQUE FRANÇAISE, AN VIII. Les consuls sont chargés d'en régler les autres accessoires (b).

(a) Cette inscription deviendra une vérité. Un vain antagonisme n'éloigne plus de nous les nations étrangères ; toutes, elles reconnaissent la supériorité de la France dans les lettres, les sciences et les arts, et adopteront, certainement, à une époque peu éloignée, le système métrique français, ainsi que le fait pressentir l'institution de la commission internationale des poids et mesures formée en 1855.

(b) En vertu de cette disposition, les consuls autorisèrent, le 7 floréal an VIII, les balanciers à donner aux poids telle forme qu'ils voudraient adopter. Ils établirent, le 7 brumaire an IX, des bureaux de pesage, mesurage et jaugeage publics dans les principales villes : le 13 brumaire an IX, contrairement aux articles 9 et 10 de la loi du 1er vendémiaire an IV, ils permirent de se servir de dénominations anciennes dans les actes publics comme dans les usages habituels, en appliquant ces noms aux nouvelles mesures auxquelles ils ne correspondaient cependant pas, dans les idées du peuple ; enfin, le 29 prairial an IX, ils organisèrent, ainsi que nous le verrons dans le chapitre III, le service de la vérification des poids et mesures, en confiant ces fonctions aux sous-préfets.

» Art. 5. — La présente résolution sera imprimée. »

Après une seconde lecture, la commission du conseil des Anciens approuve la résolution ci-dessus, le 19 frimaire an VIII.

Les consuls ordonnent que la loi ci-dessus soit publiée, exécutée et qu'elle soit munie du sceau de l'État.

La longueur du mètre est donc enfin définitivement fixée. Cette décision de la loi de l'an VIII, rapportant la fixation de 1793, est actuellement en vigueur ; et cependant, il est reconnu aujourd'hui que la longueur donnée au mètre n'est pas exactement la dix-millionnième partie du quart du méridien terrestre.

Nous avons vu que la longueur assignée, en 1793 et, par suite, en l'an III, au mètre provisoire, ayant pour base les opérations faites par Lacaille, était de. .

	pieds	lignes	millièmes
faites par Lacaille, était de. .	3	11	440
La longueur assignée au mètre définitif, par la loi de l'an VIII, d'après les calculs de la commission cosmopolite, calculs ayant eu pour base les opérations faites par Delambre et Méchain, entre Dunkerque et Barcelonne, est de.	3	11	296

Plus tard, MM. Arago et Biot, ayant prolongé la mesure

	pieds	lignes	millièmes
de la méridienne jusqu'à Formentara, ont trouvé que la dix-millionnième partie du quart du méridien étaitde. .	3	11	310
Enfin, des calculs récents ont donné au mètre une longueur de.	3	11	390

Et il est certain que, s'il était possible de prolonger la mesure du méridien jusqu'à l'équateur et jusqu'au pôle arctique, faisant pour le tout ce qu'Arago a fait pour une partie, le résultat serait un mètre immensément différent du mètre légal. Notre mètre légal n'est donc, en réalité, malgré tous les soins pris, les travaux que l'on a faits, les sommes immenses dépensées, qu'une mesure de convention, ne reposant sur rien de mathématiquement positif.

On se le rappelle, on avait, dans le principe, proposé de prendre le quart de l'équateur pour base du système, mais cette proposition fut rejetée, par le motif qu'il est moins facile de déterminer la mesure de l'équateur, que celle du méridien ; enfin que le méridien est commun à tous les peuples, tandis que l'équateur ne passe que chez quelques-uns.

On avait aussi fait la proposition, adoptée le 8 mai 1790, par l'Assemblée nationale, de prendre la longueur du pendule sexagésimal pour base du système ; c'était la proposition la plus sage, le moyen le plus simple, le plus rationnel, le plus à la portée de tous ; aussi, sur la réclamation de l'Académie des sciences, le décret de 1790 fut-il rapporté en 1793 et le méridien substitué au pendule.

Un jour viendra, et nous croyons qu'il n'est pas éloigné, où la science, la vraie science, la science qui se base sur les principes évidents, déduits de connaissances claires et positives, fera complètement la lumière sur le système ; alors l'on trouvera, l'on établira une mesure exactement immuable et notre mètre légal d'aujourd'hui, regardé alors comme une mesure informe, sera relégué avec la toise qui fut, en 1668, scellée dans le mur du grand Châtelet.

Nous faisons des vœux pour la venue de ce jour ; car enfin, par cela seul que ce système si simple et si admirable, fruit d'illustres travaux, repose sur une erreur, il est à craindre qu'il ne finisse par succomber sous les attaques de ses adversaires ou soit rejeté par les nations étrangères ; espérons cependant que la réformation portera sur la rectification du mètre et que la division décimale sera entièrement conservée.

Ces réflexions faites, revenons aux lois fondamentales du système métrique qui ont dignement clos le XVIIIe siècle, le siècle des derniers jours de

Louis XIV et de l'Assemblée Constituante ; de la Constituante qui, par ses actes, ses lois, ses principes, appartient à tous les peuples, à tous les temps, et apparaîtra toujours, comme un phare élevé au sommet de l'immensité des siècles et des générations.

Grâce à l'énergie presque surnaturelle déployée par les différents corps de législature qui se sont succédé pendant les dix dernières années du XVIIIe siècle, la révolution sur le système des poids et mesures est enfin faite (c'est le *fiat lux* de l'époque) ; le système nouveau a rompu entièrement avec le passé ; à l'avenir, il n'y aura plus, sur toute l'étendue du territoire français, qu'un seul mode de mesurage, bâsé sur le mètre, et, dans un temps rapproché, il n'y aura également plus, dans tout le monde civilisé, qu'une seule et même mesure, qu'un seul et même poids, une seule et même monnaie, et ce seront le poids, la mesure et la monnaie de la France !

S'il est difficile de faire de bonnes lois, leur exécution rencontre aussi, le plus souvent, de bien grandes difficultés, surtout lorsque ces lois, rompant avec les habitudes de plusieurs siècles, ont à lutter avec l'ignorante routine, ont pour but d'empêcher les machinations intéressées des gens de mauvaise foi et que, par dessus tout, il leur faut combattre l'opposition que font toujours les petits esprits à tout ce dont ils ne comprennent pas la portée.

Des tiraillements, des oppositions sourdes surgirent donc aussitôt sur tous les points de la République. Le gouvernement eut beau répandre des renseignements sur le nouveau système de mesures, fournir gratuitement, dans le principe, des instruments légaux en remplacement des mesures usuelles anciennes, offrir toutes sortes d'encouragements, mettre à la disposition du peuple des bureaux de poids public où ses intérêts seraient sous la sauvegarde de l'administration, rien n'y faisait ; fidèles à leurs traditions, le paysan et l'artisan ne voulaient pas sacrifier à la nouvelle loi, le système confus dont leurs pères avaient fait usage ; ils engagèrent la lutte : elle fut longue, elle fut opiniâtre des deux côtés, l'inertie et l'ignorance furent même sur le point de l'emporter, sur la science, sur la raison, sur la loi.

Dix ans après la proposition faite par Talleyrand à l'Assemblée nationale, dix années d'études, de soins, de travaux, de discussions, de décrets, de proclamations et de luttes, les consuls de la République, mal conseillés, croyant faire acte de sage politique, ou peut-être encore favoriser l'exécution du système décimal, eurent la malheureuse pensée (arrêté du 13 brumaire an IX) d'autoriser à se servir, dans les actes publics et dans les usages habituels, des anciennes dénominations usuelles, en les appliquant aux nouvelles mesures, sans qu'elles correspondissent à leurs anciennes valeurs, bien qu'elles ne reproduisissent pas les idées qu'elles représentaient autrefois.

L'arrêté de brumaire ne réussit qu'à jeter une véritable perturbation dans les affaires et dans les esprits ; il fut abrogé le 12 février 1812, et, dès lors, il ne fut plus permis d'appeler le myriamètre *lieue*, le décamètre, *perche*, le décimètre, *palme*, et le millimètre, *ligne* ; l'hectare, *arpent*, et l'are, *perche carrée* ; le décalitre, pour les liquides, *velte* ; le litre, *pinte*, et le décilitre, *verre* ; l'hectolitre, *sétier*, et le décalitre, pour les matières sèches, *boisseau* ; le kilogramme, *livre*, l'hectogramme, *once*, le gramme, *denier*, etc., etc.

Napoléon Ier, arrivé au comble de la gloire et de la puissance, successeur de Charlemagne par le droit de son génie, pensant que les difficultés rencontrées par le système métrique, reposaient sur les dénominations grecques imposées par le législateur, ainsi que sur la division décimale, substituée aux fractions du tiers, du quart, du huitième, du seizième, etc., etc., adoptées depuis des siècles par les populations, tout en consacrant qu'aucun changement ne serait apporté aux unités fixées par la loi du 19 frimaire an VIII, crut pouvoir faire, sans inconvénient, une concession aux usages populaires, en rétablissant les dénominations anciennes, que la génération nouvelle commençait à oublier, et en substituant aux divisions décimales, si simples dans l'usage et pour le calcul, les divisions populaires du quart, du huitième, etc.; ce fut une faute sur laquelle on n'est revenu qu'après un laps de vingt-huit années.

En rétablissant les anciennes dénominations de toise, pied, aune, livre, boisseau, on altérait, de gaîté de cœur, l'institution première dans ses attributs les plus essentiels, l'uniformité et la division décimale, et cela, sans avantage pour les populations : car ces dénominations rappelaient, sous un même nom, aux peuples des diverses contrées de l'Empire, des choses bien différentes, d'où il n'est résulté qu'embarras et confusion.

Nous ne reproduirons pas ce décret qui n'a plus aujourd'hui que la valeur d'un regrettable souvenir ; mais, comme il a été en vigueur pendant vingt-huit ans, nous allons donner la nomenclature qui fut arrêtée par le ministre de l'intérieur, le 28 mars 1812, nomenclature à laquelle on aura encore longtemps besoin de recourir pour l'intelligence des ouvrages rédigés sous son empire :

MESURES DE LONGUEUR.

	Mètres.	Millimètres.
La toise, dont la longueur fut fixée à..............	2	0
Le pied, sixième de la toise. ...	0	333 1|3
Le pouce, douzième du pied. ...	0	27 3|4
La ligne, douzième du pouce. . .	0	2 1|3

Pour le mesurage des tissus, on

Mètres. Millimètres.

établit une mesure longue de douze
décimètres qui prit le nom d'aune.   1   200

Cette mesure fut divisée en demies, quarts,
huitièmes, seizièmes ; tiers, sixièmes et dou-
zièmes.

MESURES DE CAPACITÉ POUR LES MATIÈRES SÈCHES.

Hectolitre.

Le double boisseau, égal à :	0 1|4
Le boisseau.	0 1|8
Le demi-boisseau.	0 1|16
Le quart de boisseau.	0 1|32

Pour la vente au plus petit détail des grains,
il y eut le litre qui fut divisé en demis, quarts et
huitièmes.

Pour la vente en détail du vin et des autres
boissons, il y eut le demi, le quart, le huitième et
le seizième de litre en étain.

Pour la vente du lait, ces mesures pouvaient
être en fer-blanc.

Poids.

Les poids usuels étaient la livre qui se divisait
en seize onces, l'once en huit gros, le gros en
soixante-douze grains, et chacun de ces poids se
divisait en outre en demis, quarts et huitièmes.

	Grammes.	Centigrammes.
La livre, égale à.	500	0
La demi-livre.	250	0
Le quart de livre ou quarteron.	125	0
Le huitième ou demi-quart. .	62	50
L'once.	31	30
La demi-once.	15	60
Le quart d'once ou deux gros.	7	80
Le gros.	3	90

En dehors des rudes atteintes que le décret de 1812 portait au système décimal, il témoigne hautement des hésitations du pouvoir en présence de l'opposition qui fut faite au système métrique par la routine des masses.

En 1825, une ordonnance royale régla complètement le service de la vérification des poids et mesures et les droits à payer par les commerçants; en 1832, il intervint une ordonnance qui, après avoir posé quelques règles d'ordre intérieur applicables aux bureaux de vérification, édicta plusieurs prescriptions, renouvelées dans la loi du 4 janvier 1837 et dans les ordonnances faites en 1839, en conformité de cette loi. Le 18 mai 1838, enfin, une dernière ordonnance exempta de tout droit la vérification primitive des instruments neufs ou rajustés.

En 1837, cédant aux réclamations sans nombre de la partie éclairée de la population, le gouvernement finit par comprendre ce que n'avait pas suf-

fisamment senti le gouvernement impérial, que c'é-
taient les habitudes paresseuses du peuple et non
ses besoins qui avaient résisté à l'admission intégrale du système métrique. Par une loi, à la fois
simple et énergique, qu'il a eu la volonté de faire
exécuter, il a rétabli dans leur pureté primitive les
lois du 18 germinal an III et du 19 frimaire an
VIII.

Voici le texte de cette loi : avec celles de l'an III
et de l'an VIII, elle forme le Code français des
poids et mesures.

LOI DU 4 JUILLET 1837.

« Louis-Philippe, roi des Français, à tous présents et à venir, salut !

» Nous avons proposé, les Chambres ont adopté,
Nous avons ordonné et ordonnons ce qui suit :

» Art. 1er — Le décret du 12 février 1812, concernant les poids et mesures, est et demeure
abrogé (a).

(a) L'abrogation du décret de 1812 emporte celle de l'arrêté
ministériel du 28 mars 1812 qui en était la conséquence et le
complément.

» Art. 2. — Néanmoins, l'usage des instruments
de pesage et de mesurage, confectionnés (a) en exécution des articles 2 et 3 du décret précité (b), sera
permis jusqu'au 1er janvier 1840.

(a) Disposition transitoire.

(*b*) L'article 2 du décret de 1812 prescrivait de faire construire des instruments de pesage et de mesurage présentant les multiples ou les fractions des unités reconnues par la loi du 19 frimaire an VIII, les plus en usage dans le commerce et *accomodés aux besoins du peuple*; l'article 5 prescrivait d'inscrire, sur les diverses faces des instruments, la comparaison des divisions et des dénominations établies par les lois, avec celles anciennement en usage.

» Art. 3. — A partir du 1er janvier 1840, tous poids et mesures autres que les poids et mesures établis par les lois des 18 germinal an III et 19 frimaire an VIII (*a*), constitutives du système métrique décimal, seront interdits, sous les peines portées par l'art. 479 (*b*) du Code pénal.

(*a*) Voir le tableau annexé à la présente loi.

(*b*) Numéro 6 de l'article 479, le numéro 5 ayant été abrogé par la loi du 27 mars 1851.

» Art. 4. — Ceux qui auront des poids et mesures autres que les poids et mesures ci-dessus reconnus, dans leurs magasins, boutiques, ateliers ou maisons de commerce, ou dans les halles, foires ou marchés, seront punis comme ceux qui les emploieront, conformément à l'art. 479 (*a*) du Code pénal.

(*a*) La jurisprudence constante des cours et tribunaux est ainsi fixée : lorsqu'il est trouvé des poids et mesures autres que ceux désignés dans l'article 3, s'ils ont la pesanteur indiquée, le procès-verbal rédigé contre le détenteur est transmis au juge de paix, président du tribunal de simple police, qui applique les peines édictées par les articles 479, n° 6 (C. cass., 11 décembre

1851), et 481 du Code pénal, sauf les cas de récidive, où application est faite des articles 481 et 482 ; lorsque les instruments ne sont pas justes et que le détenteur ne s'en est pas servi, ce dernier est traduit devant le tribunal de police correctionnelle, qui lui applique les articles 3, 5, 6 et, en cas de récidive, l'article 4 de la loi du 27 mars 1851 ; si le détenteur s'est servi des instruments faux, application lui est faite de l'article 423 du Code pénal, des articles 5, 6, et, en cas de récidive, de l'article 4 de la loi précitée du 27 mars 1851.

» Art. 5. — A compter de la même époque, toutes dénominations de poids et mesures autres que celles portées dans le tableau annexé à la présente loi et établis par la loi du 18 germinal an III, sont interdites dans les actes publics, ainsi que dans les affiches et les annonces (a).

» Elles seront également interdites dans les actes sous seing privé, les registres de commerce et autres écritures privées produits en justice.

» Les officiers publics contrevenants seront passibles d'une amende de vingt francs (b), qui sera recouvrée sur contrainte, comme en matière d'enregistrement.

» L'amende sera de dix francs pour les autres contrevenants ; elle sera perçue pour chaque acte ou écriture sous signature privée ; quant aux registres de commerce, ils ne donneront lieu qu'à une seule amende pour chaque contestation dans laquelle ils seront produits (c).

(a) L'article 9 de la loi du 1er vendémiaire an IV interdisait

aux notaires et officiers publics de se servir des anciennes dénominations, sous peine d'être soumis à une amende de cinquante
francs ; l'article 10 défendait de produire en justice aucune écriture émanant d'un commerçant, sans qu'au préalable les anciennes dénominations eussent été traduites en nouvelles mesures. Ces deux parties de l'article 5 ont été insérées dans le but
d'abroger la loi du 13 brumaire an IX.

(*b*) L'amende de cinquante francs qui frappait les officiers
ministériels, sous l'empire de la loi de l'an IV, fut portée à cent
francs par la loi de ventôse an XI, sur le notariat, et réduite à
vingt francs par la loi du 16 juin 1824.

(*c*) Les lois précédentes ne frappaient de peines que les officiers publics et les commerçants qui avaient employé les anciennes dénominations ; celle-ci, par une heureuse innovation,
frappe également tous ceux, sans distinction, qui les emploieront dans leurs écritures ou qui en feront usage dans un certain
ordre de publicité, par la voie des affiches, placards, journaux,
prospectus, avis, etc.

Ne sont pas considérées comme anciennes dénominations les
indications de mesures ou de poids en usage dans les pays
étrangers.

Voir les notes mises à la suite de l'article 3 de l'ordonnance
du 26 décembre 1842.

» **Art. 6.** — Il est défendu aux juges et arbitres
de rendre aucun jugement ou décision en faveur
des particuliers sur des actes, registres ou écrits
dans lesquels les dénominations interdites par l'article précédent auraient été insérées, avant que les
amendes encourues aux termes dudit article aient
été payées.

» **Art. 7.** — Les vérificateurs des poids et me-

sures constateront les contraventions prévues par
les lois et règlements concernant le système métrique des poids et mesures (a).

» Ils pourront procéder à la saisie des instruments de pesage et de mesurage dont l'usage est
interdit par lesdites lois et règlements (b).

» Leurs procès-verbaux feront foi en justice,
jusqu'à preuve contraire (c).

» Les vérificateurs prêteront serment devant le
tribunal d'arrondissement (d).

(a) Sous la précédente législation, le vérificateur avait mission de vérifier et de constater l'exactitude des poids et des mesures, mais il devait, lorsque cette vérification amenait la découverte d'une contravention, la faire constater par une autorité ;
c'était un embarras pour le service et une inconséquence qu'heureusement on a fait cesser. L'attribution nouvelle qui leur
donne le droit de constater les simples contraventions, a été implicitement étendue par l'article 36 de l'ordonnance du 17 avril
1839, qui leur prescrit de recueillir et relater les circonstances
qui ont accompagné soit la possession, soit l'usage des poids et
mesures dont l'emploi est interdit ; puis, par la loi du 27 mars
1851, qui emporte des peines correctionnelles, et par l'instruction ministérielle du 24 juin 1852, n° 34, dans laquelle il est
dit : « Quand la loi du 4 juillet 1837 a conféré aux vérifica-
» teurs le droit de constater les contraventions prévues par
» les lois sur le système métrique, l'intention du législateur a
» été de les charger de constater les infractions à ces lois, ab-
» straction faite de la pénalité. »

(b) Cette prescription était la conséquence forcée de la précédente : dès lors que le vérificateur avait le droit de constater
les contraventions, on devait lui donner également le pouvoir

d'abord de retirer de l'usage un objet illégal, puis la possibilité de mettre sous les yeux du juge la preuve matérielle de la contravention ou du délit

(c) On aurait pu, sans inconvénient, leur donner le droit de constater les contraventions jusqu'à inscription de faux ; néanmoins, les vérificateurs ne se plaignent pas de cette restriction, bien qu'elle puisse leur susciter des embarras et des ennuis dans certaines localités où un témoignage est facile à acquérir.

(d) C'était la conséquence forcée de l'attribution nouvelle qui leur était donnée.

» **Art. 8. — Une ordonnance royale réglera la manière dont s'effectuera la vérification des poids et mesures (a).** »

(a) Cette ordonnance, prise le 17 avril 1839, ainsi que celle du 16 juin 1839, embrassent toutes les parties du service de la vérification des poids et mesures.

Ces deux ordonnances ont un haut degré d'importance, aussi allons-nous les relater entièrement, autant pour initier le public à ses *droits*, tout en lui faisant connaître ses *devoirs*, que pour avoir l'occasion de fournir aux nations étrangères, disposées à adopter le système métrique, des *observations sur les changements et les améliorations qu'il serait utile d'apporter* à nos règlements. Les notes placées à la suite de chaque article permettront, même aux personnes les plus étrangères à l'étude des lois, d'interpréter largement et complètement chacune des prescriptions qu'il renferme.

A titre de renseignements et comme complément de la législation française, nous mentionnerons, à l'occasion, la législation particulière sur les poids et mesures qui régit la matière en Algérie.

TABLEAU DES MESURES LÉGALES
(Loi du 18 germinal an III)

ANNEXÉ A LA LOI DU 4 JUILLET 1837

Noms systématiques.	Valeur.	Noms systématiques.	Valeur.
Mesures de longueur.		**Poids.**	
Myriamètre..	Dix mille mètres.	...... (a)...	Mille kilogrammes, poids du mètre cube d'eau et du tonneau de mer.
Kilomètre...	Mille mètres.	...... (a)...	Cent kilogrammes, quintal métrique.
Hectomètre..	Cent mètres.	KILOGRAMME..	Mille grammes. Poids dans le vide d'un décimètre cube d'eau distillée, à la température de 4 degrés centigrades.
Décamètre...	Dix mètres.		
MÈTRE.....	Unité fondamentale des poids et mesures (dix-millionième partie du quart du méridien terrestre).		
Décimètre...	Dixième du mètre.		
Centimètre...	Centième du mètre.	Hectogramme.	Cent grammes.
Millimètre...	Millième du mètre.	Décagramme.	Dix grammes.
Mesures agraires.		GRAMME.....	Poids d'un centimètre cube d'eau à 4 degrés centig.
Hectare.....	Cent ares ou dix mille mètres carrés.	Décigramme.	Dixième du gramme
ARE.........	Cent mètres carrés. Carré de dix mètres de côté.	Centigramme.	Centième id.
		Milligramme..	Millième id.
Centiare.....	Centième de l'are ou mètre carré.	**Monnaie.**	
Mesures de capacité pour les liquides ou les matières sèches.		FRANC.......	Cinq grammes d'argent au titre de neuf dixièmes de fin.
Kilolitre....	Mille litres.		
Hectolitre...	Cent litres.	Décime......	Dixième du franc.
Décalitre....	Dix litres.	Centime.....	Centième du franc.
LITRE.......	Décimètre cube.		
Décilitre....	Dixième du litre.		
Mesures de solidité.		Conformément à la disposition du 18 germinal an III, concernant les poids et mesures de capacité, chacune des mesures décimales de ces deux genres a son double et sa moitié (b).	
Décastère...	Dix stères.		
STÈRE.......	Mètre cube.		
Décistère....	Dixième du stère.		

(*a*) Le tableau légal ne donne pas de nom à ce poids d'un million de grammes. Dans l'usage des chemins de fer et des canaux, on le nomme *tonne*; dans les ports de mer, on le nomme *tonneau*. L'impossibilité de donner au poids de cent kilogrammes un nom conforme au système étymologique de la nomenclature, n'a pas permis de le comprendre dans la colonne des noms systématiques; dans l'usage, on le nomme quintal métrique.

(*b*) L'ordonnance du 16 juin 1839 a voulu que le décamètre et le mètre aient leur double et leur moitié; que le décimètre ait son double.

En Algérie, dès le 14 décembre 1830, le général en chef de l'armée d'occupation eut la pensée de fixer la valeur des poids et mesures indigènes; nous donnons l'article 1er de cet arrêté, qui peut être utile à consulter.

» Art. 1er — A partir du 1er janvier prochain (1831), les poids et mesures ci-après seront les seuls autorisés dans le commerce d'Alger et de tout le royaume, y compris les ports et les rades, savoir :

» *Mesures de pesanteur.* — Le quintal, dit *quintal d'Alger*, du poids de cinquante-quatre kilogrammes se divisant en *livres* du poids de 540 gr., et la série en 16 onces de 34 grammes. — Le quintal métrique de cinquante kilogrammes avec les divisions décimales.

» *Mesures de surface.* — Le pick arabe, représentant 456 millimètres; — le pick turc, représentant 636 millimètres ; — l'aune métrique, représentant 1 mètre 20 centimètres. — Ces deux dernières mesures seront les seules autorisées chez les négociants et marchands européens.

» *Mesures de capacité*. — L'hectolitre et ses subdivisions en litres, pour tous les liquides. — Le kolla, mesure employée pour l'huile, contenant 16 litres et se subdivisant en demi et quart de kolla. — Le sâa, mesure usitée pour les grains et contenant 60 litres. »

Cet arrêté eut force de loi jusqu'au 1er mars 1843, époque à laquelle fut établi, dans notre conquête, le système métrique décimal.

Aujourd'hui, le service des poids et mesures est régi en Algérie par l'ordonnance du 26 décembre 1842, complétée par l'arrêté ministériel du 22 mai 1846 et par les deux arrêtés ministériels portant la date du 26 décembre 1851.

L'ordonnance constitutive des poids et mesures en Algérie a des rapports frappants avec la loi du 4 janvier 1837, dont elle est, dans le plus grand nombre de ses articles, la reproduction fidèle : c'est par ce motif, qu'intervertissant l'ordre de notre narration, nous allons la donner immédiatement. Quant aux arrêtés ministériels (voir aux notes des ordonnances des 17 avril et 16 juin 1839), nous n'en donnerons le texte qu'autant que des dispositions différeraient essentiellement de celles des ordonnances de 1839.

ORDONNANCE DU 26 DÉCEMBRE 1842

SUR L'APPLICATION DU SYSTÈME MÉTRIQUE ET LE SERVICE DES POIDS ET MESURES EN ALGÉRIE.

« Louis-Philippe, roi des Français, à tous présents et avenir, salut !

» Vu l'arrêté du 14 décembre 1830, autorisant en Algérie l'emploi de certains poids et mesures consacrés par l'usage ;

» Vu la loi du 4 juillet 1837, prescrivant l'adoption dans tout le royaume (a), du système métrique des poids et mesures créé par les lois du 18 germinal an III, et 19 frimaire an VIII ;

» Vu nos ordonnances des 17 avril et 16 juin 1839 ;

» Considérant la convenance d'assurer à l'Algérie les avantages de l'uniformité des poids et mesures ;

» Sur la proposition de notre Ministre secrétaire d'État de la Guerre, président du Conseil,

» Avons ordonné et ordonnons ce qui suit :

(a) Dans la pensée du gouvernement, l'Algérie était, dès cette époque, une partie intégrante de la France.

Titre Ier.

Poids et mesures dont il sera fait usage en Algérie.

» Art. 1er — A partir du 1er mars 1843, les poids et mesures établis par les lois du 18 germinal an III et 19 frimaire an VIII, et dont le tableau est joint à la présente ordonnance (*a*), seront exclusivement employés dans toutes les parties du territoire de l'Algérie où l'autorité civile est établie, et dans toutes celles qui seront successivement désignées par notre ministre secrétaire d'État de la guerre (*b*).

» Les mêmes poids et mesures seront exclusivement employés pour toutes les opérations des administrations militaires, dans celles des localités où l'autorité civile n'est pas encore installée.

(*a*) Voir le tableau placé à la suite de la loi du 4 juillet 1837, page 93.

(*b*) Bien que l'ordonnance établisse une distinction entre le territoire où l'autorité civile est établie et celui qu'administre l'autorité militaire, dans la pratique, cette distinction n'a jamais eu lieu ; les poids et mesures métriques sont légalement et en réalité les seuls en usage dans l'un et l'autre territoire.

» Art. 2. — A partir de la même époque, les poids et mesures autres que lesdits poids et mesures seront interdits, sous les peines portées par l'article 479 du Code pénal (*a*).

Seront punis des mêmes peines ceux qui au-

ront des poids et mesures autres que les poids et
mesures ci-dessus reconnus dans leurs magasins,
boutiques, ateliers ou maisons de commerce, ou
dans les halles, foires ou marchés (*b*).

(*a*) Voir la note *b* misé à la suite de l'article 3 de la loi du
4 juillet 1837.

(*b*) Cette prescription est moins complète que celle de l'article 4 de la loi du 4 juillet 1837 qui punit ceux qui ont en leur
possession des poids non reconnus, comme ceux qui les emploient. — Voir la note à la suite de l'article 4 de la loi de
1837.

» Art. 3. — Toutes dénominations de poids
et mesures, autres que celles portées dans le tableau annexé à la présente ordonnance, sont interdites dans les actes publics et sous seing privé, les
journaux (*a*), affiches, annonces, registres de
commerce et autres écritures privées produites en
justice.

» Les officiers publics contrevenants seront
passibles d'une amende de vingt francs, qui sera
recouvrée sur contrainte, comme en matière d'enregistrement (*b*).

» L'amende sera de dix francs pour les autres
contrevenants; elle sera perçue pour chaque acte
ou écriture sous signature privée. Quant aux registres de commerce, ils ne donneront lieu qu'à une
seule amende pour chaque contestation dans laquelle ils seront produits (*b*).

(*a*) Cet article est la reproduction de l'article 5 de la loi du 4 juillet 1837, qu'il complète. D'après l'article 5, un journal qui, en donnant la taxe du pain, la mercuriale des grains, emploierait les anciennes dénominations, mettrait l'ancien poids, seul ou avec le poids métrique, donnerait lieu à l'application de l'amende de dix francs. Si le gérant du journal élevait une fin de non recevoir, en prétendant que le tableau (taxe ou mercuriale) inséré lui a été remis par l'autorité, et que, d'ailleurs, ce n'est pas une annonce, dans la véritable acception du mot, mais bien un acte de l'autorité, sa prétention devrait être repoussée ; car, de la lettre et de l'esprit de cet article, il découle clairement que l'énonciation des anciennes mesures est prohibée, sans aucune restriction, dans les *journaux*, aussi bien dans la partie politique que dans la partie littéraire, les avis ou annonces qui y sont insérés. Cette prescription, fort sage d'ailleurs, donne le moyen d'atteindre les contraventions, lorsqu'elles se produisent dans les annonces dites *réclames* que, souvent, il est difficile de distinguer du texte politique ou littéraire du journal.

(*b*) Voir les notes placées à la suite de l'article 5 de la loi du 4 juillet 1837.

Il n'y aura pas lieu de se préoccuper de la question de savoir si le livre de commerce contient, dans des articles étrangers au procès, d'autres dénominations prohibées.

» Art. 4. — Il est défendu aux juges et arbitres de rendre aucun jugement ou décision en faveur des particuliers sur des actes, registres ou écrits dans lesquels les dénominations métriques auraient été omises, avant que cette omission ait été réparée (*a*) et que les amendes encourues aux termes de l'article précédent aient été payées (*b*).

(*a*) Réparée, comment ? est-ce par une déclaration sous seing privée? est-ce par un acte authentique, ainsi que le voulait l'article 10 de la loi du 1ᵉʳ vendémiaire an IV ?

(b) Voir l'article 6 de la loi du 4 juillet 1837.

» Art. 5. — Notre ordonnance du 16 juin 1839, sur la forme des poids et mesures, et sur les matières admises pour les fabriquer, est rendue applicable à l'Algérie, à partir du 1ᵉʳ mars 1843. Les noms français, qui, d'après les règlements de la métropole, doivent être apposés sur les poids et mesures, devront également être reproduits en caractères arabes (a).

(a) Cette prescription est malheureusement restée sans exécution.

Titre II.

De la vérification.

» Art. 6. — Les poids et mesures nouvellement fabriqués ou rajustés, ne pourront être livrés au commerce avant d'avoir été vérifiés et poinçonnés (a).

» Indépendamment de cette vérification primitive, les poids et mesures dont les assujétis font usage, ou qu'ils ont en leur possession, sont soumis à une vérification périodique (b).

» Chacune de ces vérifications est constatée par l'apposition d'un poinçon distinct (c).

(*a*) **Pour** l'apposition du poinçon de la vérification primitive et de celui de la vérification périodique, il faut se référer à l'ordonnance du 16 juin 1839, portant règlement d'administration publique, sur la forme des poids et mesures et sur la matière admise pour la fabrication. Cet article ne prononçant pas de peine spéciale contre les balanciers et rajusteurs qui auraient livré au commerce des poids et mesures sans les avoir fait vérifier et poinçonner, cette contravention tombe sous le coup de l'article 471 du Code pénal; en outre, les instruments non poinçonnés doivent être saisis, ainsi qu'on le verra à l'article 10 de la présente ordonnance.

(*b*) **La** vérification périodique a lieu tous les ans ou tous les deux ans, suivant l'importance des localités et ainsi que cela est réglé par un arrêté annuel, pris par le préfet. — Voir l'article 8 de l'ordonnance du 17 avril 1839 et la note insérée à la suite.

(*c*) **Le** poinçon actuel de la vérification primitive représente la couronne impériale ; celui de la vérification périodique représente chaque année une des lettres de l'alphabet (en 1863 K).

Titre III.

Des agents de la vérification.

» **Art. 7.** — La vérification des poids, mesures et instruments de pesage sera confiée à des agents portant le titre de vérificateurs et vérificateurs adjoints (*a*).

» **Ils** ne pourront exercer leurs fonctions qu'en vertu d'une lettre de service délivrée par notre ministre de la guerre (*b*).

(*a*) Les vérificateurs exercent leurs fonctions en Algérie, sous la direction immédiate des préfets, pour le territoire civil, et des généraux commandant les divisions, pour le territoire militaire. — Voir l'article 1er de l'ordonnance du 17 avril 1839 et les notes à sa suite,

(*b*) L'Algérie étant administrée par le ministre de la guerre, les agents appartenant à un autre ministère ne peuvent être admis à remplir leurs fonctions en Algérie qu'autant qu'ils ont reçu une lettre de service spéciale de l'autorité compétente ; la commission dont ils sont revêtus en France ne pouvant leur conférer une autorité quelconque au delà des limites où s'étend l'autorité du ministre qui les en a pourvus,

» **Art. 8.** — **Les vérificateurs et les vérificateurs adjoints, nommés en Algérie, ne peuvent être choisis que parmi ceux de ces agents qui, ayant satisfait aux conditions de l'examen prescrit dans la métropole, auront été commissionnés par notre ministre de l'agriculture et du commerce, et auront été mis par lui à la disposition de notre ministre de la guerre** (*a*).

(*a*) Le législateur a eu en vue de confier les fonctions de vérificateur, qui, en Algérie, offrent des difficultés bien plus grandes et imprévues qu'en France, à des agents éprouvés par l'expérience. Toutes les prescriptions qui sont dans cet article sont d'ordre public et de droit étroit, comme toutes les mesures restrictives.

» **Art. 9.** — **Avant d'entrer en fonctions, les vérificateurs et vérificateurs adjoints prêteront ser-**

ment devant le tribunal de première instance de leur résidence (*a*).

(*a*). Voir l'article 7, § 4 de la loi du 4 juillet 1837 et la note *d*, mise à la suite de cet article.

TITRE IV.

De la constatation des contraventions.

» Art. 10. — Les vérificateurs et les vérificateurs adjoints des poids et mesures constateront, par procès-verbaux, les contraventions prévues par les lois et règlements concernant le système métrique des poids et mesures (*a*).

» Ils pourront procéder à la saisie des instruments de pesage et de mesurage dont l'usage est interdit par lesdites lois et lesdits règlements (*a*).

» Ils saisiront également tous les poids, mesures, instruments de pesage et de mesurage altérés ou défectueux, ou qui ne seraient pas revêtus des marques légales de la vérification (*a*).

(*a*). Voir l'article 7 de la loi du 4 juillet 1837 et les notes *a* et *b* placées à la suite de cet article. — Voir également l'article 35 de l'ordonnance du 17 avril 1839.

» Art. 11. — Les procès-verbaux rédigés par eux, dûment affirmés et enregistrés, conformément aux dispositions de l'ordonnance du 17 avril 1839, feront foi en justice jusqu'à preuve contraire (*a*).

(*a*) Voir l'article 7, § 3 de la loi du 7 janvier 1837, la note *c* placée à la suite de cet article, et l'article 34 de l'ordonnance du 17 avril 1839.

L'affirmation du procès-verbal n'est qu'une superfétation d'une complète inutilité, ne pouvant rien ajouter à la valeur d'une constatation, impossible par fois à accomplir dans un pays surtout où les distances à parcourir sont énormes, les retards et les accidents de route fréquents ; elle n'offre, en définitive, qu'un résultat réel, c'est d'entraver le service. Aux termes de l'arrêté ministériel du 22 mai 1846, elle doit rigoureusement être reçue dans les *trois* jours de la clôture du procès-verbal (l'ordonnance de 1839, article 41, ne donne qu'*un jour*) ; les procès-verbaux sont enregistrés dans les quinze jours qui suivent l'affirmation.

Titre V.

Des droits de vérification.

» Art. 12. — La vérification première des poids et mesures et instruments de pesage est faite gratuitement.

» Il en est de même pour les poids et mesures et instruments de pesage rajustés, qui sont soumis à une nouvelle vérification (*a*).

(*a*) Voir l'article 46 et la note de l'ordonnance du 17 avril 1839 dont cet article est la copie exacte.

» Art. 13. — Les droits de la vérification périodique seront provisoirement perçus, comme en France, conformément au tarif annexé à l'ordonnance du 18 décembre 1825, modifiée par celles du 21 décembre 1832 et du 18 mai 1838 (*a*).

(*a*) Voir l'article 47 de l'ordonnance du 17 avril 1839 et les notes à la suite.

Titre VI.

Dispositions finales

» Art. 14. — Un arrêté rendu par notre ministre de la guerre, déterminera les dispositions réglementaires à prendre pour l'exécution de la présente ordonnance et les obligations des assujétis (*a*).

» En outre, des arrêtés du Gouverneur général, approuvés par notre ministre de la guerre, détermineront, soit chaque année, soit à des époques plus éloignées, l'ordre des opérations de la vérification périodique (*b*), les professions assujéties (*c*), le minimum des assortiments (*c*) et les autres détails du service.

(*a*) En conséquence de cet article, un arrêté, pris par le ministre de la guerre, le 22 mai 1846, a organisé le service des poids et mesures ; deux autres arrêtés, rendus le 26 décembre 1851, ont rectifié ou complété celui de 1846.

(*b*) L'attribution donnée au Gouverneur général, relative à la détermination de la vérification périodique, a été transmise, par le décret constitutif du 27 octobre 1858, aux préfets des départements algériens. Ils prennent, chaque année, un arrêté qui fixe l'ordre et l'époque de la vérification dans chacune des provinces de la colonie, aussi bien dans le territoire militaire que dans le territoire civil.

(*c*) Le tableau des professions assujéties, où est déterminé en même temps le minimum des assortiments que chaque profession *doit* avoir, a une haute importance. Ce tableau, expression des besoins de chaque profession, fixe, en même temps, la rétribution proportionnelle que doit payer l'assujéti, laquelle est établie en raison des différentes branches de commerce qu'il exerce. Le tableau établi en France par les préfets, aux termes de l'article 18 de l'ordonnance du 17 avril 1839 (voir cet article et la note à la suite), a, en dernier lieu (le 26 décembre 1851), été arrêté pour l'Algérie par le ministre de la guerre lui-même.

» Art. 15. — Toutes dispositions contraires à la présente ordonnance, et, notamment, l'arrêté du 14 décembre 1830, sont et demeurent abrogés (*a*). »

(*a*) Voir la note placée à la suite de l'article 23 de la loi du 18 germinal an III.

» Art. 16. — Notre ministre secrétaire d'État de la guerre, président du conseil (*a*), est chargé de l'exécution de la présente. »

(*a*) Le maréchal-général Soult, duc de Dalmatie.

Nous revenons à la loi du 4 juillet 1837.

L'article 8 de cette loi avait, ainsi que nous l'avons vu, décidé, en principe, qu'une ordonnance royale règlerait la manière dont s'effectuerait la vérification des poids et mesures. Ce fut très longtemps après que cette prescription reçut son exécution : les deux ordonnances qui régissent encore le service des poids et mesures en France, furent publiées, l'une le 17 avril et l'autre peu de temps après, le 16 juin 1839, environ deux ans après la loi de 1837.

La première embrasse toutes les parties du service ; elle a été promulguée dans le *Bulletin des lois* le 1er mai suivant, et a été adressée aux préfets avec une circulaire explicative, le 30 août 1839 , quatre mois seulement avant la mise à exécution de la loi de 1837 et de l'ordonnance elle-même. Cette ordonnance se divise en six titres et comprend cinquante-sept articles.

La seconde détermine les règles à suivre dans la fabrication des poids et des mesures neufs ou rajustés, et porte la date du 16 juin 1839. Elle fut adressée aux préfets avec les instructions ministérielles, le 16 septembre suivant, après vingt-six mois et onze jours d'attente, et trois mois et demi seulement avant le jour où tous les commerçants devaient être pourvus des poids et des mesures dont cette ordonnance réglait la forme ainsi que la matière à employer pour leur confection. L'apparition tardive de cette ordonnance jeta alors, dans le commerce, une certaine confusion dont le résultat fut de retarder encore l'exécution complète de la loi de 1837, par suite de la difficulté que l'on éprouva à se procurer les nouveaux instruments légaux dont la fabrication fut longtemps à pourvoir le commerce, bien qu'elle les eût cotés à des prix exorbitants.

Nous allons mettre ces deux ordonnances sous les yeux du lecteur.

ORDONNANCE DU 17 AVRIL 1839.

« Louis-Philippe, roi des Français, à tous présents et à venir, salut !

» Sur le rapport de notre ministre secrétaire d'État au département des travaux publics, de l'agriculture et du commerce ;

» Vu, 1° l'article 3, n° 4, du titre XI de la loi du 16-24 août 1790 ; l'article 11 de la loi du 1er vendémiaire an IV ; la loi du 28 pluviôse an VIII et l'article 46 de la loi du 19-22 juillet 1791 (a) ;

» 2° L'article 8 de la loi du 4 juillet 1837, portant : « Une ordonnance royale réglera la ma-
» nière dont s'effectuera la vérification des poids
» et mesures » ;

» Notre conseil d'Etat entendu (b),

» Avons ordonné et ordonnons ce qui suit :

(*a*) Les articles de lois et la loi visée dans cet article, sauf la loi du 28 pluviôse qui a organisé les préfectures, déterminent les droits et les devoirs des corps municipaux, des maires, etc.

(*b*) Cette ordonnance, par suite de l'intervention du conseil d'État, est un *règlement d'administration publique*; préparée par une commission, présidée par M. Martin (du Nord), alors ministre du commerce, elle fut portée au conseil d'Etat; approuvée le 26 février 1839, par le comité du contentieux, soumise ensuite à l'examen du ministre des finances, elle a été discutée par le conseil, le 13 mars et le 3 avril, et adoptée (M. Tarbé, rapporteur).

Titre Ier.

Des Vérificateurs.

» Art. 1er. — La vérification des poids et mesures destinés et servant au commerce est faite, sous la surveillance des préfets et sous-préfets, par des agents nommés et révocables par notre ministre secrétaire d'Etat des travaux publics, de l'agriculture et du commerce (*a*).

(*a*) L'article 13 de la loi du 1er vendémiaire an IV confia la nomination des vérificateurs aux administrations départementales; par un arrêté, en date du 29 prairial an IX, les consuls, auxquels la nomination de ces agents était dévolue, confièrent aux sous-préfets les fonctions de vérificateurs des poids et mesures, ordonnées par l'article 13 de la loi du 1er vendémiaire an IV; enfin, l'ordonnance du 18 décembre 1825 disposa que

les vérificateurs seraient choisis et nommés par les préfets qui
pourraient les révoquer ; l'ordonnance nouvelle, après avoir ba-
lancé entre le maintien de l'article 8 de l'ordonnance de 1825
et le rétablissement de l'arrêté du 13 brumaire an IX, a pris le
juste milieu en confiant ces nominations au ministre du commerce.

Le décret du 25 mars 1852 a, par une disposition particulière, confié de nouveau aux préfets le choix des vérificateurs.

Pour plus de détails, voir le chapitre III sur l'organisation du
service.

En Algérie, la vérification est opérée par des agents du service des poids et mesures de la métropole, suivant les prescriptions de l'article 7 de l'ordonnance du 26 décembre 1842. La
position hiérarchique de ces agents est actuellement établie par
l'article 1er de l'arrêté ministériel du 26 décembre 1851, ainsi
conçu : « Les vérificateurs et vérificateurs adjoints, nommés
» par le département de l'agriculture et du commerce, et dé-
» tachés du service continental en Algérie, exerceront les
» attributions qui leur sont confiées par l'ordonnance du 26 dé-
» cembre 1842 et l'arrêté du 22 mai 1846, sous la direction
» et la surveillance immédiate des préfets des départements
» et des généraux commandant les divisions militaires de
» l'Algérie, suivant que les territoires sont classés comme
» civils ou militaires. »

» Art. 2. — Un vérificateur est nommé par chaque arrondissement communal ; son bureau est
établi, autant que possible, au chef-lieu (*a*).

Néanmoins, si les besoins du service exigent
qu'il y ait plusieurs bureaux dans un arrondissement, le préfet peut proposer cette disposition à
notre ministre secrétaire d'État des travaux pu-

blics, de l'agriculture et du commerce, qui l'arrête définitivement, s'il le juge convenable (b).

» Il peut, en outre, être nommé, par notre ministre, des vérificateurs adjoints, soumis aux mêmes conditions et ayant les mêmes attributions que les vérificateurs (c).

(a) L'article 3 de l'ordonnance du 25 décembre 1835 était conçu dans les mêmes termes; il indiquait, en outre, le local de la préfecture ou de la sous-préfecture comme devant être le siége de la vérification; — l'ordonnance nouvelle laisse, à cet égard, toute liberté.

(b) L'article 4 de l'ordonnance de 1825 était moins restrictif, il ne limitait pas l'intervention du ministre au cas où plusieurs bureaux pourraient être établis dans un arrondissement, elle s'étendait au cas où plusieurs arrondissements pourraient n'avoir qu'un bureau commun de vérification. La prescription extensive de l'ordonnance de 1825 était fort sage; dans beaucoup de cas, il y aurait avantage réel à réunir plusieurs arrondissements en une seule vérification.

(c) Cette disposition doit être rapprochée de l'article 5 de cette ordonnance qui exige que les vérificateurs ne puissent entrer en fonctions qu'après avoir prêté serment, et de l'article 34 qui les oblige à justifier de leur commission aux assujétis qui le requièrent; il en résulte que les vérificateurs et les vérificateurs adjoints doivent *seuls* prêter serment. (Cir. du 30 août 1839.) Cette explication était reconnue nécessaire, en présence de la décision du ministre qui, dans la même circulaire, quelques lignes plus haut, établit un ordre hiérarchique parmi les agents du service, à savoir : des vérificateurs, des vérificateurs adjoints, des aides-vérificateurs, des garçons de bureau et des hommes de peine. Les trois dernières classes ne peuvent exercer aucun acte d'autorité ; les deux premières, seules, sont investies de la plénitude des droits que l'article 7 de la loi du 4 juillet 1837 confère aux vérificateurs ; les vérificateurs adjoints, placés dans les bureaux pour aider les vérificateurs, exercent leurs fonctions sous la direction immédiate et la surveillance de ces derniers, leurs supérieurs hiérarchiques.

En Algérie, rien n'a été fixé par la loi, quant au nombre des bureaux et aux lieux où ils doivent être établis, ceci est laissé à l'appréciation du ministre. Actuellement, il y a un bureau au chef-lieu de chacune des trois provinces dont le personnel se compose d'un vérificateur, chef de service, et, suivant les besoins, d'un certain nombre de vérificateurs adjoints. Le bureau de la localité où réside habituellement le vérificateur, prend le titre de bureau permanent ; ceux qui sont établis dans les autres localités, lors des tournées annuelles que le vérificateur y fait, se nomment bureaux temporaires. (Articles 9, 10 11 de l'arrêté du 22 mai 1846.) Le ressort des vérifications est beaucoup plus étendu en Algérie qu'en France.

» Art. 3. — Nul ne peut exercer l'emploi de vérificateur, s'il n'est âgé de vingt-cinq ans accomplis (a), et s'il n'a subi des examens spéciaux, d'après un programme arrêté par notre ministre des travaux publics, de l'agriculture et du commerce (a).

(a) Il sera justifié de la condition d'âge par l'acte de naissance, dont la production, en bonne forme, devient, dès lors, indispensable ; et, quoique, d'un autre côté, l'ordonnance ne fixe pas le terme au delà duquel les candidats cesseront d'être admissibles, il conviendra de ne jamais perdre de vue que les fonctions de vérificateur, exigeant de nombreux déplacements, réclament une force et une activité qu'un âge trop avancé ne permettrait plus d'espérer. (Circulaire du 30 avril 1839.)

La limite d'âge adoptée, jusqu'à ce jour pour le service des poids et mesures et celui des forêts est quarante ans, âge au delà duquel il est difficile de se plier à de nouvelles habitudes, de se livrer à de nouvelles études.

(a) Le vérificateur et le vérificateur adjoint doivent nécessairement avoir subi les épreuves des examens spéciaux dont le programme a été arrêté par le ministre de l'agriculture et du commerce, le 30 août 1839.

Ce programme qui, lors de son apparition, parut exiger des candidats à la vérification une assez grande somme de connaissances, pourrait, aujourd'hui, recevoir, avec avantage, quelques adjonctions dans la partie des lettres aussi bien que dans celle des sciences. Un jeune homme, pour être admis dans l'administration des contributions indirectes, par exemple, doit être pourvu d'un diplôme de bachelier ès lettres ; il serait convenable qu'un candidat à la vérification, se présentant devant le jury d'admission, puisse prouver, toutes les fois qu'il n'est pas muni d'un diplôme, que les connaissances par lui acquises sont celles exigées pour subir les épreuves du baccalauréat ès lettres ou mieux encore du baccalauréat ès sciences.

PROGRAMME pour l'examen des candidats aux emplois de vérificateurs et de vérificateurs adjoints des poids et mesures.

« Art. 1er. — Lorsqu'un emploi de vérificateur ou de vérificateur adjoint des poids et mesures deviendra vacant, le préfet de police, pour le département de la Seine, ou le préfet du département dans lequel la vacance existera, en informera le ministre de l'agriculture et du commerce, qui l'invitera, s'il y a lieu, à prendre un arrêté pour faire procéder à un examen de candidats.

» 2. Cet arrêté fera connaître les formalités indiquées ci-après, que les candidats auront préalablement à remplir, et fixera le jour des examens, qui ne pourront avoir lieu qu'après un délai de quinze jours.

» Cet arrêté sera publié et affiché à la porte de chaque bureau de vérification du département et partout où besoin sera.

» 3. Les candidats devront se faire inscrire, suivant les cas, à la préfecture de police ou à celle du département où l'examen devra avoir lieu, et déposer en même temps un extrait, en bonne forme, de leur acte de naissance pour constater qu'ils sont âgés de 25 ans accomplis, conformément à l'article 3 de l'ordonnance du 17 avril 1839.

» 4. Il sera ensuite formé une commission composée d'un employé supérieur de la préfecture et de trois autres personnes nommées par le préfet, et choisies, autant que possible, parmi les anciens élèves de l'école polytechnique, les professeurs des facultés, des écoles spéciales, des colléges royaux et des colléges de plein exercice.

» 5. La présence de deux examinateurs, autres que l'employé supérieur de la préfecture, sera nécessaire pour que l'examen soit valable.

» 6. Les examens se feront au chef-lieu du département, et seront publics.

» 7. Au jour fixé, les candidats paraîtront devant les examinateurs, suivant leur ordre d'inscription à la préfecture, et ils seront interrogés sur les matières suivantes :

» *Examen oral.* — 1° L'arithmétique, comprenant les quatre régles, les fractions, les proportions, le système décimal complet, son emploi dans toutes les opérations de l'arithmétique;

» 2° La géométrie, comprenant les angles, les triangles, les lignes proportionnelles et les figures semblables ; la mesure des superficies terminées par des contours rectilignes ou circulaires et celles des volumes terminés par des surfaces planes ou cylindriques ;

» 3° La connaissance des énoncés de statique qui se rapportent à la composition des forces parallèles, au centre de gravité, à la détermination de ce centre par le triangle et la pyramide, à l'équilibre dans le levier ;

» 4° La théorie de la balance et la connaissance des principales balances en usage dans le commerce ;

» 5° La partie de la physique qui concerne la température, le thermomètre, le baromètre, les pesanteurs spécifiques ;

» 6° Quelques notions de chimie sur l'oxidation des métaux employés dans les poids et mesures ;

» 7° Les lois et règlements en vigueur sur les poids et mesures, la connaissance des anciennes mesures les plus usitées, les opérations pratiques de la vérification et tous les devoirs des vérificateurs, tels qu'ils sont détaillés dans le recueil des instructions ministérielles.

» 8. L'examen oral devra durer au moins trois quarts d'heure, à moins que le candidat n'ait pas suffisamment bien répondu sur les trois premières questions, cette circonstance étant suffisante pour l'écarter entièrement. Tout candidat, non écarté ainsi, devra répondre à cinq questions au moins, savoir : une sur l'arithmétique, une sur la géométrie, une sur la statique, une sur la physique et la chimie, une sur les devoirs des vérificateurs.

» 9. *Compositions écrites.* — Chaque candidat devra avoir une écriture lisible et même soignée : il devra écrire correctement le français.

» 10. Chaque candidat devra traiter par écrit, en une page au moins, un sujet donné par le jury d'examen, afin qu'on juge de la netteté de son écriture, de son orthographe et de son style.

» 11. Il résoudra, par écrit, une question de calcul qu'il devra chiffrer avec netteté : la solution de cette question devra, autant que possible, exiger quelques-unes des notions de géométrie ou de physique, ou de statique qui viennent d'être détaillées.

» 12. Après l'examen oral et les compositions écrites, la commission délibèrera, séance tenante, sur le mérite de chaque candidat, et dressera procès-verbal de l'examen, suivant le modèle remis par le Préfet, sauf à faire mention, sur ce procès-verbal, des observations auxquelles les circonstances particulières de l'examen pourraient avoir donné lieu.

» 13. Le procès-verbal, signé par tous les examinateurs présents, sera remis au préfet qui le transmettra au ministre de l'agriculture et du commerce avec son avis particulier. »

En Algérie, le vérificateur qui, aux termes de l'article 8 de l'ordonnance du 26 décembre 1842, ne peut être choisi que parmi ceux de ces agents qui sont commissionnés en France, par le ministre du commerce, a, nécessairement, rempli les obligations d'examen imposées par l'article 3 ; ainsi, en Algérie, le vérificateur fait partie du service continental, il est pourvu d'une commission délivrée par le ministre du commerce, après un examen subi en France, suivant les formes du programme ci-dessus annexé à l'ordonnance de 1839 ; il est, en outre, pourvu d'une lettre de service délivrée par le ministre (actuellement par le Gouverneur général) : l'omission d'une seule de ces conditions entraînerait la nullité de tous les actes que le vérificateur serait dans le cas d'accomplir. — Voir les notes des articles 7 et 8 de l'ordonnance du 26 décembre 1842.

» **Art. 4.** — L'emploi de vérificateur est incompatible avec toutes autres fonctions publiques et toute profession assujétie à la vérification (*a*).

(*a*) En Algérie, l'arrêté du 22 mai 1846, article 8, est plus explicite, il est ainsi conçu : « l'emploi de vérificateur ou de
» vérificateur adjoint est incompatible avec *toute autre fonction*
» *publique ou privée*. » L'article 4 interdit uniquement aux vérificateurs l'exercice des professions qui sont assujéties à la vérification, leur permettant, par conséquent, d'embrasser toutes les autres, sans exception, tandis que l'article 18 de l'arrêté algérien, plus soigneux de leur dignité, les leur interdit *toutes*, sans exception, qu'elles soient ou non assujéties à la vérification. Voici le commentaire de l'article 4 fait par le ministre du commerce :

« .... Je vous recommande particulièrement, M. le préfet,
» d'assurer, par tous les moyens en votre pouvoir, l'exécution
» de cet article. En outre, les vérificateurs et les vérificateurs
» adjoints ne devront jamais perdre de vue qu'indépendam-
» ment des fonctions publiques ou des professions sujettes
» à la vérification, que l'ordonnance leur interdit expressé-
» ment, ils doivent s'abstenir de toute occupation qui pour-
» rait les distraire de leurs fonctions, ou les placer dans une
» position incompatible avec le caractère public dont ils sont
» revêtus. » (Circulaire du 30 août 1839.)

» Art. 5. — Les vérificateurs ne peuvent entrer en fonctions qu'après avoir prêté, devant le tribunal de première instance de l'arrondissement pour lequel ils sont commissionnés, le serment prescrit par la loi du 31 août 1830 (*a*).

» Dans le cas d'un changement de résidence ou de mission temporaire, ils sont tenus seulement de faire viser leur commission et leur acte de serment au greffe du tribunal dans le ressort duquel ils sont envoyés (*b*).

(*a*) La prestation de serment est une affirmation authentique et religieuse par laquelle celui qui jure, prend Dieu à témoin de la vérité d'un fait ou de la sincérité d'une promesse, voulant qu'il venge le manque foi.

Le serment que les fonctionnaires prêtent se distingue en serment politique et en serment professionnel :

Le serment que le vérificateur devait prêter, en conformité de la circulaire du 30 août 1839, était purement politique.

Le serment politique, aboli par un décret du Gouvernement provisoire, en date du 1er mars 1848, a été rétabli par l'article 14 de la Constitution du 14 janvier 1852, modifié par l'article 16 du sénatus-consulte du 25 décembre 1853, il est ainsi conçu : « *Je jure obéissance à la Constitution et fidélité à l'Empereur.* »

Le serment professionnel est celui que prêtent les fonctionnaires.

L'article 2 du décret du 8 mars 1852 voulant que toute addition, modification, restriction ou réserve aux termes prescrits par l'article 14 de la Constitution soit considérée comme refus de serment ; l'article 3 annonçant que des décrets spéciaux détermineront le mode de prestation de serment des fonctionnaires ; il est intervenu plusieurs décrets, en conformité de cette dernière disposition, qui, tous, après avoir indiqué, suivant la dignité ou la fonction, le mode de prestation de serment, exigent que les serments politique et professionnel soient prêtés *à la suite l'un de l'autre*. En voici la formule :

« Je jure obéissance à la Constitution et fidélité à l'Empe-
» reur. Je jure et promets aussi, de bien et loyalement remplir
» mes fonctions, et d'observer, en tout, les devoirs qu'elles
» m'imposent. »

C'est ce serment que prêtent les vérificateurs.

« Il sera fait mention de la prestation de serment sur la
» commission de chaque vérificateur, afin qu'il puisse con-

» stamment justifier de l'accomplissement de cette formalité
» essentielle. » (Circulaire du 30 août 1829.)

(b) Par cette mesure, le législateur a voulu éviter aux vérificateurs des frais nouveaux d'enregistrement et de prestation de
serment, tout en assurant leur authenticité près de chaque
tribunal dans le ressort duquel ils exerceront leurs fonctions.

En Algérie, ainsi qu'en France, le vérificateur doit prêter
serment, telle est la prescription de l'article 9 de l'ordonnance
de 1842; mais l'article 10 de l'arrêté du 22 mai 1846 donne
à l'effet du serment plus d'extension que l'article 5 de l'ordonnance du 17 avril 1839, en ne mettant pas l'agent qui, dans
ce pays, remplit toujours ses fonctions dans le ressort de plusieurs tribunaux, dans la nécessité de faire viser sa commission et son acte de serment au greffe de chacun des tribunaux dans le ressort desquels il est appelé à exercer ses
attributions, il est ainsi conçu : « L'agent dûment commis-
» sionné et assermenté, peut exercer ses fonctions sur tous
» les points de l'Algérie, sans être astreint à prêter un nou-
» veau serment *ni faire viser l'acte* qui lui en a été délivré. »

» Art. 6. — Chaque bureau de vérification sera
pourvu de l'assortiment nécessaire d'étalons (a) vérifiés et poinçonnés au dépôt des prototypes établi
près du ministère des travaux publics, de l'agriculture et du commerce. Ces étalons devront être
vérifiés de nouveau au même dépôt une fois en dix
ans.

» Les poinçons nécessaires aux vérifications dans
les départements (b) seront fabriqués sur les ordres
de notre ministre des travaux publics, de l'agriculture et du commerce. Ils portent des marques distinctes pour chaque année d'exercice (c).

» Les poinçons destinés à la vérification des poids et mesures nouvellement fabriqués ou rajustés seront différents de ceux destinés à constater les vérifications périodiques successives (*d*).

(*a*) L'étalon est le modèle type en cuivre de poids et de mesures entièrement conforme aux types construits en platine qui furent déposés au Corps législatif, le 22 mai 1799. (Article 2 de la loi du 19 frimaire an VIII.) Chez les peuples de l'antiquité, les unités de mesures, considérées comme sacrées, étaient déposées dans les temples ; à Rome, les étalons des différentes mesures étaient conservés au Capitole.

(*b*) Le poinçon est un morceau d'acier gravé en creux, avec lequel on marque les poids et mesures reconnus conformes aux étalons.

(*c*) Lacune qui existait également dans l'article 5 de l'ordonnance du 18 décembre 1825, dont cet article est la copie presque textuelle. Cette dernière phrase eût dû être ainsi construite : « Les poinçons destinés à la vérification périodique porteront » des marques distinctes pour chaque année d'exercice. » La première phrase se rapporte à *tous* les poinçons de *différents* genres que le ministre doit faire construire ; la seconde ne peut se rapporter qu'à ceux de la vérification *périodique*, car ceux de la vérification *primitive* des instruments neufs ou rajustés ne changent pas chaque année.

Les poinçons de la vérification périodique portent l'empreinte d'une lettre de l'alphabet ; ils changent chaque année.

(*d*) Ces poinçons qui, sous la Restauration, portaient l'empreinte d'une fleur de lys, sous le gouvernement de Juillet celle d'une couronne royale, de 1848 à 1862 deux mains entrelacées, portent actuellement l'empreinte de la couronne impériale.

Une troisième sorte de poinçon a été introduite dans le service de la vérification dont tous les bureaux ont été numérotés par une décision ministérielle, en date du 16 février 1853. Aux termes de cette décision, chaque vérificateur est pourvu d'un poinçon portant l'empreinte du numéro d'ordre de son bureau, dont il doit mettre la marque à côté de celle du poinçon de la vérification primitive sur les instruments neufs.

En Algérie, toutes ces prescriptions sont en vigueur. En outre des deux poinçons dont il est question dans cet article, et qui sont destinés à la vérification périodique et à la vérification primitive, il y a un troisième poinçon, sur lequel est empreinte une étoile portant, au centre, un numéro d'ordre, depuis 1 jusqu'à 10, qui varie tous les ans et sert à constater les vérifications inopinées de surveillance que les vérificateurs doivent faire, à des époques indéterminées, chez tous, les assujétis à la vérification. L'usage de ce troisième poinçon est très important ; il coupe court aux négligences, aux faux-semblant de vérifications de surveillance ; il constate, d'une manière irréfragable, la présence du vérificateur dans les magasins de l'assujéti.

» **Art. 7.** — Les étalons et les poinçons des bureaux de vérification sont conservés par les vérificateurs, sous leur responsabilité et sous la surveillance des préfets et sous-préfets (a).

(a) La conservation des étalons a été successivement confiée : par les articles 3 et 6 de la loi du 1er août 1793, aux administrations de département et de district ; par l'article 8 de l'arrêté du 15 brumaire an IX et par l'article 1er de l'arrêté du 29 prairial an IX, aux sous-préfets, alors investis des fonctions de vérificateur des poids et mesures ; par l'article 7 de l'ordonnance du 18 décembre 1825, aux vérificateurs des poids et mesures que l'article 3 de cette même ordonnance venait d'établir.

» **Art. 8.** — Le traitement des vérificateurs est réglé par notre ministre des travaux publics, de l'agriculture et du commerce : il comprend, par abonnement, les frais de tournée ordinaire, ceux de bureau, ceux d'entretien et de transport des instrument de vérification et les frais de confection de matrices de rôles (a).

Les étalons seront conservés et les opérations seront faites dans le local à ce destiné par l'administration.

Les étalons, les poinçons, les registres et l'ameublement des bureaux sont fournis aux vérificateurs par l'administration (a).

Les frais de tournées extraordinaires hors de leur arrondissement leur sont remboursés (a).

(a) Règlement d'administration intérieure. Le grand nombre de vérificateurs constitués en France, et dont beaucoup sont à peu près inoccupés, n'a pas permis de donner à chacun de ces agents un traitement suffisant pour assurer honorablement leur existence. Au surplus, pour ce qui est relatif à ce sujet, voir nos observations au chapitre traitant de l'organisation du service de la vérification.

En Algérie, les vérificateurs reçoivent : 1° un traitement fixé par le ministre ; 2° des frais distincts de tournées ; 3° des frais de bureaux qui comprennent, par abonnement, la confection des registres et les impressions. Comme en France, les poinçons, les étalons et l'ameublement des bureaux leur sont fournis par l'administration qui prend à sa charge le loyer des locaux occupés par le service.

» Art. 9. — Les vérificateurs peuvent être suspendus (a) par les préfets. Il est immédiatement rendu compte de cette mesure à notre ministre des travaux publics, de l'agriculture et du commerce.

(a) Le projet présenté par la commission disait : « Peuvent » être suspendus de leurs fonctions par les préfets. » Cette construction était plus grammaticale.

Cet article a ainsi été expliqué dans la circulaire du 30 août 1839 : « L'article 9 vous confère, monsieur le préfet, le pou- » voir de suspendre les agents de la vérification, sauf à me » rendre un compte immédiat de cette mesure. Il en résulte » aussi la faculté de pourvoir à la vacance, si les besoins » du service l'exigeaient ainsi; mais, dans ce cas, vous ne » devez pas perdre de vue qu'en conséquence de la loi du » 4 juillet 1837 et de l'ordonnance du 17 avril, tout agent » assermenté ne pourra être *régulièrement* suppléé que par » un agent qui aura été admis à prêter serment, et sous les » conditions prescrites par l'article 5, de faire viser, avant » de procéder à aucune opération, sa commission et son acte » de serment au greffe du tribunal dans le ressort duquel il » sera envoyé. »

Cette circulaire oblige implicitement celui qui remplace, *même temporairement*, un vérificateur, à passer l'examen spécial pre- crit par l'article 3, à remplir les conditions d'âge déterminées par ce même article de l'ordonnance, enfin à être commis- sionné par le ministre du commerce, en conformité de l'ar- ticle 1er ci-dessus.

En Algérie, cette question est ainsi réglementée par l'ar- ticle 22 de l'arrêté du 22 mai 1846 : « Les peines encou- » rues par les agents de la vérification pour toute infraction

» à l'ordre, à la discipline ou à la morale, sont, conformément
» à l'ordonnance du 15 avril 1845, sur le personnel des ser-
» vices administratifs en Algérie : 1° la réprimande simple ;
» une retenue disciplinaire de un à cinq jours de solde ; 2° la
» réprimande avec mise à l'ordre du service ; la suspension de
» cinq jours à un mois ; 3° le retrait d'un grade ou d'une
» classe ; la révocation. » L'article 26 de l'ordonnance de
1845 détermine que les peines de la première catégorie peuvent
être imposées par le chef du service ; — celles de la seconde,
par le préfet et par le général commandant supérieur de la division ; — celles de la troisième, par le ministre, avec cette
réserve. qu'avant de prononcer la peine, les faits à la charge
de l'agent auront été préalablement constatés par une commission d'enquête.

Nous ajouterons que l'article 26 de l'ordonnance de 1845,
formulé en termes généraux, s'applique particulièrement aux
employés coloniaux, nommés directement par le ministre de la
guerre ou par les autorités locales. Un vérificateur des poids
et mesures, appartenant absolument au service continental de
la métropole, en conformité de l'article 8 de l'ordonnance
de 1846, ne peut qu'être mis à la disposition du ministre
du commerce qui, suivant les circonstances qui ont amené
cette décision, peut, seul, s'il y a lieu, prononcer la desti-
tution.

TITRE II.

De la vérification.

» Art. 10. — Les poids et mesures nouvellement
fabriqués ou rajustés seront présentés au bureau

du vérificateur, vérifiés et poinçonnés avant d'être livrés au commerce (a).

(a) La vérification primitive des poids et mesures exige des vérificateurs une attention, des soins, un examen tout particuliers, devant se porter sur toutes les parties, sans exception, de l'instrument, afin de constater si toutes ces parties sont construites suivant les règles de l'art et les prescriptions de la loi ; cette opération consiste, d'après l'article 4 de l'arrêté du 29 prairial an IX, dans une comparaison exacte des poids et des mesures avec les étalons déposés au bureau de vérification. La vérification primitive doit absolument, sans exception, être faite au bureau du vérificateur, c'est ce que confirme la circulaire du 30 août 1839 qui dit expressément : « La vérification première » *ne peut* être faite qu'au bureau même du vérificateur. »

Malgré la recommandation faite dans les instructions de 1839, de la négligence ayant été apportée dans cette partie du service, le ministre du commerce écrivait le 6 avril 1852 : « Dans » ces derniers temps, et sur différents points, les vérificateurs » ont eu à saisir des poids, des mesures et des instruments de » pesage reconnus inexacts, bien qu'ils eussent été antérieure- » ment soumis à la vérification et marqués du poinçon primitif. » Prenant en considération cette dernière circonstance, les tri- » bunaux ont acquitté les détenteurs de ces instruments, parce » qu'il était permis de présumer que les poids, mesures et in- » struments de pesage ayant subi la vérification première étaient » réguliers.

» Il importe que les agents du service de la vérification exa- » minent, avec l'attention la plus scrupuleuse, si les poids, me- » sures et instruments de pesage qui leur sont présentés pour » être soumis à la marque première, se trouvent dans les con- » ditions réglementaires, et qu'ils *rejettent* avec fermeté *tous*

» ceux qui laisseraient à désirer, sous quelque rapport que
» ce soit. »

Ces recommandations n'ayant pas produit tous les résultats
désirables, le ministre du commerce, pour obvier à ce grave inconvénient, a pris, le 16 février 1853, un arrêté sanctionné par
un décret, daté de Saint-Cloud, le 15 juillet de la même année.
Cet arrêté, dont les dispositions ont pour but de faire reconnaître
le bureau où le poinçon de la vérification primitive a indûment
été apposé sur ces instruments irréguliers ou défectueux, est
ainsi conçu : « Art. 1ᵉʳ — Les bureaux de vérification des poids
» et mesures seront numérotés. Art. 2. — Chaque vérificateur
» sera pourvu d'un poinçon portant l'empreinte du numéro
» d'ordre de son bureau. Art. 3. — Chaque poids, mesure ou
» instrument de pesage neuf qui sera soumis à la vérification
» première recevra, à côté de la marque primitive, le poinçon
» portant le numéro d'ordre du bureau. »

Cet arrêté reçoit aujourd'hui sa pleine et entière exécution ;
il a obvié au grand inconvénient d'instruments irréguliers ou
défectueux admis à la vérification première, lesquels étaient
adressés à des marchands qui, sur le vu du poinçon de l'État,
les acceptaient de confiance et les vendaient aux assujétis, entre
les mains desquels ils étaient, plus tard, *saisis*.

Du reste, ainsi que la Cour de cassation l'a jugé le 17 janvier
1845, ce ne sont pas seulement les poids et mesures non revêtus des poinçons de vérification qui peuvent être saisis, mais
encore ceux qui, bien que revêtus de la marque du poinçon
primitif, sont trouvés altérés ou défectueux dans le magasin du
marchand ou même chez le fabricant, s'ils y ont été trouvés
exposés en vente.

Dans son intérêt, l'acquéreur d'un instrument de pesage
ou de mesurage devra le présenter aussitôt à son bureau de
vérification pour lui faire apposer la marque de l'année :
c'est une sage précaution à prendre, car, faute d'avoir accom-

pli cette formalité, les poids et mesures peuvent être saisis, ainsi qu'on le verra, en conformité de l'article 35 de cette ordonnance; en outre, si, par une cause quelconque, ces objets étaient altérés dans leur justesse et leur exactitude, bien qu'empreints du poinçon de vérification première, il se trouverait dans le cas d'être poursuivi correctionnellement, par application de l'article 3 de la loi du 27 mars 1851.

Nous pensons, dans ce cas, qu'en bonne justice, le fabricant ou le quincaillier qui aura vendu pour bon un instrument défectueux, devra être poursuivi comme délinquant principal ou, au moins, comme complice du délit, comme ayant trompé l'acheteur sur *la nature de la chose vendue*. (Article 423, Code pénal.)

En Algérie, l'article 3 de l'arrêté ministériel du 22 mai 1846, plus complet que l'article 6 de l'ordonnance du 26 décembre 1842 et que l'article 19 de celle de 1839, s'exprime ainsi : « Les vérifications primitives ont pour objet de faire constater » l'exactitude et la légalité de tous les poids et mesures nou- » vellement fabriqués ou rajustés, qui ne peuvent *être employés,* » *mis en vente ou livrés* au public sans avoir été vérifiés et » poinçonnés. Elles s'effectuent, soit au fur et à mesure de la » fabrication, au bureau permanent du vérificateur, tant qu'il y » est, soit tous les ans au bureau temporaire de cet agent, lors- » qu'il se rend dans chaque localité. » L'article 16 de l'arrêté du 26 décembre 1831 « défend à tous balanciers, quincail- » liers, ferrailleurs et tous autres fabricants et marchands de » poids et mesures d'avoir dans leurs magasins, d'exposer en » vente dans leurs boutiques ou *ailleurs* et de livrer au com- » merce des poids, mesures ou instruments de pesage qui ne » seraient pas revêtus du poinçon de la vérification primitive, » sous les peines portées par les articles 479, 480 et 481 du » Code pénal. » (Voir la note de l'article 4 de la loi du 4 juillet 1837.)

Sous l'ancienne législation, les mêmes prohibitions existaient ; à cet égard, on peut se reporter aux articles 16 et 24 de la loi du 18 germinal an III ; à l'article 13 de la loi du 1ᵉʳ vendémiaire an IV ; à l'article 3 de la loi du 19 germinal an VII ; à l'article 3 de la loi du 11 thermidor an VII ; aux articles 1ᵉʳ, 2 et 6 de l'arrêté du 29 prairial an IX ; aux articles 10, 17 et 24 de l'ordonnance du 18 décembre 1825 et à l'article 8 de l'ordonnance du 21 décembre 1832.

» Art. 11. — Aucun poids ou aucune mesure ne peut être soumis à la vérification, mis en vente ou employé dans le commerce, s'il ne porte, d'une manière distincte et lisible, le nom qui lui est affecté par le système métrique (a).

» Notre ministre du commerce pourra excepter de l'exécution du présent article les poids ou mesures dont la dimension ne s'y prêterait pas (b).

(a) Cette disposition était contenue dans l'article 16 de la loi du 18 germinal an III, l'article 3 de la loi du 19 germinal an VII, l'article 3 de la loi du 11 thermidor an XII, l'arrêté du 7 floréal an VIII, l'article 6 de l'arrêté du 13 brumaire an IX.

Pour l'exécution de cet article et du suivant, on devra se référer à l'ordonnance du 16 juin 1839. (Circulaire du 30 août 1839.)

(b) Cette dernière disposition, dit M. Tarbé, a été ajoutée par le Conseil d'État. C'est la première fois que cette exception paraît dans la législation. Il faut souhaiter qu'elle ne reçoive aucune application.

» Art. 12. — La forme des poids et mesures

servant à peser ou mesurer les matières de commerce sera déterminée par des règlements d'administration publique, ainsi que les matières avec lesquelles ces poids et mesures seront fabriqués (*a*).

(*a*) L'article 15 de la loi du 18 germinal an III avait arrêté en principe l'uniformité dans la forme et les matières à employer pour la fabrication des poids et mesures; il y fut dérogé par un arrêté des consuls, en date du 7 floréal an VIII, qui autorisa les balanciers à donner aux poids telle forme qu'ils voudraient adopter. Cette décision jeta dans le commerce de détail une grande perturbation, et favorisa la fraude par l'usage que l'on fit de poids en apparence plus lourds qu'ils ne l'étaient réellement. L'arrêté de floréal a été définitivement rapporté par l'article 12 de cette ordonnance, lequel a été réglementé par l'ordonnance du 16 juin 1839.

Deux arrêtés de la Cour de cassation, en date du 3 avril 1830, avaient, en quelque sorte, reconnu aux préfets le droit de déterminer la forme des poids, par cela seul qu'ils leur reconnaissaient le droit de prohiber telle ou telle forme. Aujourd'hui, en présence des termes de l'article 12, une telle question ne pourrait être soulevée : au chef de l'Etat, en son conseil, appartient seul le droit de déterminer la forme des poids et mesures.

» Art. 13. — Indépendamment de la vérification primitive dont il est question dans l'artcle 10, les poids et mesures dont les commerçants compris dans le tableau indiqué à l'article 15 font usage, ou qu'ils ont en leur possession, sont soumis à une vérification périodique, pour reconnaître si

la conformité avec les étalons n'a pas été al-
térée (*a*).

» Chacune de ces vérifications est constatée par
l'apposition d'un poinçon nouveau (*b*).

(*a*) L'article 13 semble ne soumettre à la vérification périodique que les commerçants compris dans le tableau dressé par
les préfets, en France, par le Gouverneur général, en Algérie,
exonérant ainsi ceux qui n'y seraient pas dénommés. En Algérie, les articles 4 et 21 de l'arrêté du 22 mai 1846, sur la vérification des poids et mesures ont comblé cette lacune en assujétissant à la vérification, en dehors des établissements publics,
civils ou militaires, placés sous la tutelle du gouvernement, les
instruments des *particuliers* qui en *font un usage public*, sans
distinction, comprenant sous ce titre de *particuliers*, ainsi que
l'explique l'article 24, les négociants, fabricants, marchands en
gros et en détail, les entrepreneurs ou directeurs de message-
ries ou de transports par terre ou par eau et *tous autres* faisant
commerce ou *faisant un usage public quelconque* de poids et de
mesures.

(*b*) Encore une lacune dans le genre de celle que nous avons
signalée dans la note *c* de l'article 6. Il n'y a de poinçon nouveau que pour constater la vérification périodique ; cependant
cet alinéa venant immédiatement après celui qui précède, pourrait donner à croire que pour la vérification primitive il y a
également un poinçon nouveau pour chaque année, ce qui
n'est pas.

» Art. 14. — Les fabricants et marchands de
poids et mesures ne sont assujétis à la vérification
périodique que pour ceux dont ils font usage dans
leur commerce.

Les poids, mesures et instruments de pesage et mesurage, neufs ou rajustés, qu'ils destinent à être vendus, doivent seulement être marqués du poinçon de la vérification primitive (*a*).

(*a*) Ainsi que nous l'avons dit dans la note placée à la suite de l'article 10, les fabricants et marchands de poids et mesures doivent, avant de mettre en vente, par conséquent avant d'introduire des instruments de pesage et de mesurage dans leurs magasins, les faire marquer du poinçon de la vérification première ; mais ils commettraient une contravention, si, par une cause quelconque, ils exposaient en vente des poids et des mesures qui porteraient en outre la marque du poinçon de la vérification périodique. La prohibition est absolue, et motivée principalement sur ce fait, que, certains assujétis, en achetant un assortiment marqué à l'avance et gratuitement (art. 48 et 49, § 2), se soustrairaient ainsi au paiement de la taxe établie par l'article 47 de la présente ordonnance.

» Art. 15. — Les préfets dressent, pour chaque département, le tableau des professions qui doivent être assujéties à la vérification (*a*).

» Ce tableau indique l'assortiment des poids et mesures dont chaque profession est tenue de se pourvoir (*b*).

(*a*) Cet article décide d'une manière définitive une question longtemps controversée ; car l'article 15 de l'ordonnance du 18 décembre 1825, tout en émettant le principe que chaque assujéti devait être pourvu, suivant sa profession, d'un *minimum* de poids et de mesures, tout en disant que les conseils d'arrondissement et les conseils généraux pourraient être consultés sur

les professions à assujétir et sur la fixation du minimum, ne disait pas par qui ces corps délibérants seraient consultés, et par
quelle autorité le tableau des professions serait établi.

En Algérie, le Gouverneur général est chargé, par l'article 14
de l'ordonnance de 1842, d'établir le tableau des professions
assujéties à la vérification, ainsi que l'assortiment des poids et
mesures dont chaque profession ou branche de commerce doit
être pourvue.

En France, l'article 15 a confié aux préfets le soin de dresser
les tableaux des professions assujéties à la vérification, parce
que le commerce et l'industrie variant dans chaque département, ces magistrats sont, par leur position, parfaitement à
même de les établir, connaissant les besoins et les convenances
des localités. C'est ce qu'exprime la circulaire du 30 août 1839.

(b) « Quant au minimum de poids, de mesures et d'in-
» struments de pesage, qui devra composer l'assortiment de
» chaque profession, il convient, à cet égard, de s'en rappor-
» ter à l'expérience des besoins réels de chacune d'elles, sui-
» vant la nature et l'étendue de ses rapports avec le public.
» Mais cependant, chaque assujéti devra être muni des poids
» et mesures nécessaires pour n'être pas obligé de ne peser ou
» mesurer qu'approximativement. » (Circulaire du 30 août
1839.)

» Art. 16. — L'assujéti qui se livre à plusieurs
genres de commerce doit être pourvu de l'assortiment de poids et mesures fixé pour chacun d'eux,
à moins que l'assortiment exigé pour l'une des
branches de son commerce ne se trouve déjà compris dans l'une des autres branches des industries
qu'il exerce (a).

(a) Il ne suffit pas qu'une partie de l'assortiment prescrit pour une profession, soit comprise dans l'assortiment d'une autre, il faut que l'assortiment y soit entièrement et nommément *compris* ; il faut que toutes les séries de poids et de mesures formant un assortiment soient exactement inscrites parmi celles formant l'autre ; et, dans certains cas, par une considération de salubrité publique, on devra passer outre, car on ne pourrait admettre que la même mesure puisse servir à mesurer à la fois de l'huile, du vin, du vinaigre et de la liqueur, qu'une même balance puisse servir à la fois à peser du poisson frais, du pain, de la viande, du sucre, etc.

» Art. 17 — L'assujéti qui, dans une même ville, ouvre au public plusieurs magasins, boutiques ou ateliers distincts et placés dans des maisons non contiguës, doit pourvoir chacun de ses magasins, boutiques ou ateliers de l'assortiment exigé pour la profession qu'il y exerce (a).

(a) L'article 17, reproduit par l'article 27 de l'arrêté du 22 mai 1846, exécutoire en Algérie, est complété par l'article 28 de ce même arrêté, ainsi conçu : « L'assujéti qui, sans ouvrir » au public plusieurs magasins, boutiques ou ateliers, occupe, » pour le commerce ou la profession qu'il exerce, plusieurs lo- » caux, doit soumettre à la vérification les poids et mesures dont » il fait usage dans ces divers locaux. » L'article 28 comble une lacune souvent mise en avant, en France, par les marchands de mauvaise foi, qui prétendent ainsi soustraire à la surveillance des agents de la vérification, les instruments de pesage qu'ils possèdent dans des locaux non ouverts au public, bien que de ces locaux ils fassent des expéditions ou envois à l'aide de ces mêmes instruments.

» Art. 18. — La vérification périodique se fait

tous les ans dans les chefs-lieux d'arrondissement et dans les communes désignées par le préfet, et tous les deux ans *(a)* dans les autres lieux. Toutefois, en 1840 *(b)*, elle aura lieu dans toutes les communes indistinctement.

» Le préfet règle l'ordre dans lequel les diverses communes du département sont vérifiées.

(a) « Le meilleur moyen, dit la circulaire du 50 août 1839, » d'assurer la garantie publique est de rapprocher, autant que » possible, pour les mêmes communes, le retour des opéra- » tions de vérification. »

Constamment nous nous sommes élevé contre cette prescription de la loi qui permet de vérifier certaines communes ou localités tous les deux ans seulement ; c'est une anomalie qu'il est très essentiel de faire disparaître. Ou ces localités sont importantes ou elles ne le sont pas; dans les deux cas, il y a inconvénient à laisser pendant deux années entières, entre les mains de commerçants d'autant plus négligents qu'ils sont plus ignorants, des instruments de pesage ou de mesurage, sans constater leur degré de justesse, et ceci précisément dans dés lieux le plus habituellement déshérités d'autorités compétentes et de surveillance régulière ; et puis, toutes les communes, toutes les localités, les petites aussi bien que les grandes, n'ont-elles pas droit à la même protection, à la même garantie de la part de l'administration ? Et d'ailleurs, la vérification n'est-elle pas la protection la plus réelle, la garantie la plus efficace offerte au commerce autant qu'au public? Espérons que, suivant le vœu tacitement exprimé par la circulaire de 1859, cette distinction entre la vérification annuelle et la vérification bis-annuelle disparaîtra de notre code.

(b) Disposition transitoire. Il s'agissait d'une mesure d'ordre

public, nécessitée par un changement de régime, ayant surtout pour objet de faire marquer du poinçon annuel de la vérification périodique des poids et mesures décimaux que les assujétis devaient se procurer, en remplacement des poids et mesures usuels qui ne pouvaient plus servir à partir du 1er janvier 1840.

» **Art. 19.** — Le vérificateur est tenu d'accomplir la visite qui lui a été assignée pour chaque année, et de se transporter au domicile de chacun des assujétis inscrits au rôle qui sera dressé conformément à l'article 50 (*a*).

» Il vérifie et poinçonne les poids, mesures et instruments qui lui sont exhibés, tant ceux qui composent l'assortiment obligatoire au minimum que ceux que le commerçant possèderait de surplus.

» Il fait note de tout sur un registre portatif qu'il fait émarger par l'assujéti, et, si celui-ci ne sait ou ne veut signer, il le constate.

(*a*) Là il y a erreur. Cet article suppose que le rôle dressé en conformité de l'article 50, est établi avant la vérification périodique, tandis qu'il n'est et ne doit être dressé qu'après l'accomplissement de cette opération ; l'article 19 eut été conséquent et avec l'article 15 et avec l'article 50, s'il eût dit : « Il (le vérifi- » cateur) se transportera au domicile de chacun des particuliers » dont les professions sont assujéties à la vérification et portées » sur le tableau dressé en conformité de l'article 15 de la pré- » sente ordonnance. »

Cet article exige en principe la vérification à domicile, qui, cependant, est très antipathique aux commerçants. La visite à domicile leur répugne ; elle est incommode et trouble le détaillant au milieu de sa vente qu'elle interrompt ; elle groupe à la porte du marchand les enfants et les curieux, et le livre parfois à des interprétations aussi erronées que fâcheuses, toutes les fois que le vérificateur a lieu de lui adresser des représentations sur certaines irrégularités qu'il doit relever et dont la nature ne peut impliquer en aucune manière sa probité, la délicatesse de ses sentiments. Généralement, le marchand préfère la vérification au bureau du vérificateur, hors des yeux du public ; vérification que, du reste, il fait opérer à sa convenance, au moment où ses occupations ne le retiennent pas à son magasin, à l'instant où il n'a à redouter ni dérangement ni perte de temps. Ainsi que l'ont dit plusieurs chambres de commerce, consultées en 1838, l'opération de la vérification ne peut atteindre le degré de précision désirable dans la boutique ou dans l'atelier du marchand ou du fabricant ; le vérificateur ne sait où placer ses instruments ; le dérangement qu'il occasionne au détaillant lui fait désirer de terminer promptement et sans un examen suffisant, une opération qui, souvent encore, est retardée par la nécessité où il se trouve de faire nettoyer, avant de procéder à la vérification, les instruments que l'usage journalier et continuel que l'on en fait a pu charger de corps étrangers. En résumé, il est si bien établi aujourd'hui que la *vérification à domicile*, tout en *demandant plus de temps, plus de soins, donne* cependant *de moins bons résultats*, que *presque partout on y a renoncé*; à Paris même, sous les yeux du Gouvernement, la vérification périodique, sauf quelques exceptions parfaitement indiquées, est faite *dans les huit bureaux* qui sont établis dans cette ville ; chaque année, aux époques déterminées par un arrêté du préfet de police, pris en vertu de l'article 27 de cette ordonnance, les commerçants sont tenus *d'aller* faire vérifier leurs poids et mesures, chacun *dans leurs bureaux* respectifs.

En Algérie, la vérification périodique, aussi bien que la vérification primitive, ne se font qu'au bureau du vérificateur. L public et le service gagnent également à cette mesure. Sont néanmoins exceptés de cette présentation au bureau pour la vérification périodique seulement : 1° les fléaux dont chaque bras a plus de 65 centimètres de longueur ; 2° les membrures du stère et du double stère ; 3° les balances-bascules.

» Art. 20. — La vérification périodique pourra être faite aux siéges des mairies dans les localités où, conformément aux usages du commerce, et sur la proposition des préfets, notre ministre des travaux publics, de l'agriculture et du commerce jugerait cette opération d'une plus facile exécution, sans toutefois que cette mesure puisse être obligatoire pour les assujétis, et sauf le droit d'exercice à domicile (a).

» Les vérificateurs peuvent toujours faire, soit d'office, soit sur la réquisition des maires et du procureur du roi, soit sur l'ordre du préfet et des sous-préfets, des visites extraordinaires et inopinées chez les assujétis.

(a) L'article 20, qui est l'abrogation tacite de l'article 19, est devenu la règle, dans la pratique au moins. Cet article est à peu près la copie textuelle de l'article 1er de l'ordonnance du 7 juin 1826, qui fut prise, d'après la circulaire du ministre de l'intérieur en date du 8 juin, en suite des observations faites par les préfets sur la difficulté d'opérer la vérification à domicile ; aujourd'hui, presque partout en France, de même qu'en Algérie, la vérification se fait, dans la résidence du vérificateur, au bureau de ce fonctionnaire, et, dans les autres communes, au siége de la mairie. L'usage a consacré l'exception qui a prévalu sur la règle.

» Art. 21. — Les marchands ambulants qui font usage de poids et mesures sont tenus de les présenter, dans les trois premiers mois de chaque année, ou de l'exercice de leur profession, à l'un des bureaux de vérification dans le ressort desquels ils colportent leurs marchandises (a).

(a) Cette disposition toute nouvelle était d'autant plus nécessaire que les marchands ambulants, ordinairement sans domicile réel, échappant facilement à toute surveillance, peuvent perpétrer, à l'aide de faux poids, des fraudes dont l'effet est d'autant plus fâcheux qu'elles pèsent sur le pauvre. Ainsi, d'après l'article 21, le marchand ambulant en exercice au 1er janvier, doit, sous les peines portées contre ceux qui font usage de poids et mesures non poinçonnés, avoir fait vérifier ses instruments de pesage et de mesurage le 30 mars suivant, terme de rigueur. Quant aux droits de vérification, le marchand ambulant en verse immédiatement le montant dans la caisse du percepteur qui les reçoit sur le vu d'un bulletin délivré à cet effet par le vérificateur. Ces droits sont réglés d'après le tableau des professions assujéties, arrêté aux termes de l'article 15 précédent.

» Art. 22. — Les balances, romaines ou autres instruments de pesage sont soumis à la vérification primitive et poinçonnés avant d'être exposés en vente ou livrés au public.

» Ils sont, en outre, inspectés dans leur usage et soumis, sur place, à la vérification périodique (a).

(a) Avant la publication de l'ordonnance du 18 décembre 1825,

dont l'article 24 avait assujéti les balances, romaines et autres instruments de pesage à la vérification primitive, les lois, prenant
les mots génériques poids et mesures dans le sens le plus restreint, permettaient d'employer ces objets sans qu'ils eussent
subi l'épreuve de la vérification, sans qu'ils offrissent la garantie
du poinçonnage. L'ordonnance de 1825, en ne les assujétissant
néanmoins qu'à la vérification primitive seule, avait, comme
complément de garantie pour l'avenir, chargé, par son article 26,
les maires et les officiers de police de les vérifier souvent pour
s'assurer de leur justesse et de la liberté de leurs mouvements ;
mais bientôt l'insuffisance de cette surveillance fut reconnue, et
ce fut alors qu'intervint l'ordonnance du 21 décembre 1832,
qui, par son article 8, les assujétit à la vérification périodique,
comme les autres poids et mesures.

» Art. 23. — Les membrures du stère et double
stère, destinées au commerce du bois de chauffage,
sont, avant qu'il en soit fait usage, vérifiées et
poinçonnées dans les chantiers où elles doivent
être employées.

» Elles y sont également soumises à la vérification périodique (a).

(a) L'article 2 de la proclamation du 27 pluviôse an VI, en
prescrivant la vérification du stère et du double stère, voulait
que cette formalité fût accomplie au bureau du vérificateur ; l'article 8 de l'arrêté du 29 prairial an IX voulait à son tour que les
membrures du stère et du double stère fussent vérifiées dans les
chantiers.

En Algérie, les membrures du stère et du double stère sont
soumises à la vérification périodique ; cette formalité s'accomplit
dans les chantiers.

» Art. 24. — Les poids et mesures des bureaux d'octroi, bureaux de poids public, ponts à bascule, hospices et hôpitaux, prisons et établissements de bienfaisance, et tous les autres établissements publics, sont soumis à la vérification périodique (a).

(a) En Algérie, cette disposition est plus généralisée ; la vérification périodique prend le nom de vérification d'office, lorsqu'elle s'applique à des établissements publics rétribués par l'État ou soumis à sa tutelle et à sa surveillance. L'art. 23 de l'arrêté du 22 mai 1846, congénère de l'art. 24 de l'ordonnance de 1839, s'exprime ainsi : « Les officiers publics, les services ad-
» ministratifs civils et militaires et les établissements spéciaux
» placés sous la tutelle ou la surveillance du gouvernement,
» qui comptent avec le public au poids ou à la mesure, pour
» déterminer les quantités livrées, reçues ou vendues, doivent,
» aux vérifications périodiques d'office, faire reconnaître les
» instruments devenus défectueux ou irréguliers qu'il est né-
» cessaire de remplacer, soit dans l'intérêt public soit dans l'in-
» térêt administratif. » D'après l'article 4 de ce même arrêté, la vérification d'office s'effectue exceptionnellement au siége même de l'établissement public.

» Art. 25. — Les poids et mesures employés dans les halles, foires et marchés, dans les étalages mobiles, par les marchands forains et ambulants, sont soumis à l'exercice des vérificateurs.

» Art. 26. — Les visites et exercices que les vérificateurs sont autorisés à faire chez les assujétis ne peuvent avoir lieu que pendant le jour.

» Néanmoins, ils peuvent avoir lieu chez les

marchands et débitants pendant tout le temps que les lieux de vente sont ouverts au public (*a*).

(*a*) Cette question est plus complètement réglementée en Algérie, par l'arrêté du 22 mai 1846. — Art. 37, reproduction de l'article 26 ci-dessus, sauf que les mots : *sont autorisés*, sont remplacés par les mots : *sont tenus*, pour : sont dans l'obligation.... — Art. 38 : « Les assujétis sont tenus, sous peine d'une » amende de cent à deux cents francs, d'ouvrir leurs magasins, » boutiques et ateliers à toute réquisition des vérificateurs » revêtus de leur uniforme et porteurs de leur commission. » — Art. 39. « En cas de refus d'exercice, *et* avant le lever ou » après le coucher du soleil, les vérificateurs doivent être ac- » compagnés, pour les visites prescrites par l'article 2 (vérifica- » tions extraordinaires et de surveillance), soit du commissaire » de police, soit du juge de paix, soit du maire, soit du com- » missaire civil, soit enfin de l'autorité militaire qui remplit » l'une de ces fonctions. » — Art. 40. « Les fonctionnaires » dénommés en l'article précédent sont tenus d'accompagner » sur-le-champ, les vérificateurs, lorsqu'ils en sont *requis* par » eux. Les procès-verbaux qui sont dressés, par eux, sont si- » gnés par l'officier ministériel en présence duquel ils ont été » faits, sauf aux vérificateurs, en cas de refus, d'en faire men- » tion auxdits procès-verbaux. »
Ainsi, l'officier de police a bien le droit de refuser de signer le procès-verbal, mais là se borne son libre arbitre, il ne peut ni ne doit refuser d'accompagner et d'assister le vérificateur.

» Art 27. — Les préfets fixent, par des arrêtés, pour chaque commune, l'époque où la vérification de l'année commence et celle où elle doit être terminée (*a*).

» A l'expiration du dernier délai ci-dessus, et après que la vérification aura eu lieu dans la commune, il est interdit aux commerçants entrepreneurs et industriels d'employer et de garder en leur possession des poids, mesures et instruments de pesage qui n'auraient pas été soumis à la vérification périodique et au poinçon de l'année.

(a) Les délais pour la vérification, doivent être calculés de manière que toutes les opérations soient terminées et les états-matrices des rôles dressés avant le 1ᵉʳ août, ainsi que le prescrit formellement l'article 50 de la présente ordonnance. — Voir l'article 50 et la note à sa suite.

TITRE III.

De l'inspection sur le débit des marchandises qui se vendent au poids et à la mesure.

» Art. 28. — L'inspection du débit des marchandises qui se vendent au poids ou à la mesure est confiée spécialement à la vigilance et à l'autorité des préfets, sous-préfets, maires, adjoints et commissaires de police (a).

(a) Les articles 1 et 3 du titre XI de la loi du 16 août 1790 confiaient cette inspection aux corps municipaux ; l'article 9 du titre Iᵉʳ du décret du 19 juillet 1791 y préposait les officiers de police ; l'article 11 de la loi du 1ᵉʳ vendémiaire an III remettait le soin de cette surveillance aux municipalités et aux administrations chargées de la police ; la loi du 18 juillet 1837 la met dans les attributions du maire sous l'autorité de l'administration supérieure.

Cette inspection est indirectement confiée aux vérificateurs des poids et mesures, par la loi du 27 mars 1851, interprétée par la circulaire ministérielle du 24 juin 1852, n° 54.

Dans sa circulaire du 30 août 1839, le ministre du commerce, dans le but de rendre possible d'abord, puis efficace, la surveillance prescrite par l'article 28, dit : « Je rappellerai les disposi-
» tions de la loi du 1er août 1795, qui impose à toutes les com-
» munes l'obligation de se pourvoir d'étalons et de les conserver
» aux siéges des mairies......... Une collection des princi-
» paux étalons des poids et mesures décimaux est d'autant plus
» nécessaire, dans chaque commune, qu'elle fournit aux maires
» et aux officiers de police municipale des moyens de compa-
» raison qui rendent la surveillance plus facile et plus efficace
» à la fois. »

» Art. 29. — Les maires, adjoints, commissaires et inspecteurs de police feront, dans leurs arrondissements respectifs, et plusieurs fois dans l'année, des visites dans les boutiques et magasins, dans les places publiques, foires et marchés, à l'effet de s'assurer de l'exactitude et du fidèle usage des poids et mesures.

» Ils surveilleront les bureaux publics de pesage et de mesurage dépendant de l'administration municipale.

» Ils s'assureront que les poids et mesures portent les marques et poinçons de vérification, et que, depuis la vérification constatée par ces marques, ces instruments n'ont point souffert de variations, soit accidentelles, soit frauduleuses.

» Art. 30. — Ils visiteront fréquemment les romaines, les balances et tous les autres instruments de pesage. Ils s'assureront de leur justesse et de la liberté de leurs mouvements, et constateront les infractions (a).

(a) Copie fidèle de l'article 26 de l'ordonnance du 18 décembre 1835.

Pour reconnaître les signes principaux, indicateurs de la justesse de ces sortes d'instruments, il est indispensable de consulter l'ordonnance du 16 juin 1829.

» Art. 31. — Les maires et officiers de police veilleront à la fidélité dans le débit des marchandises qui, étant fabriquées au moule ou à la forme, se vendent à la pièce ou au paquet, comme correspondant à un poids déterminé; néanmoins, les formes ou moules propres aux fabrications de ce genre ne seront jamais réputés instruments de pesage, ni assujétis à la vérification (a).

(a) Cet article, reproduction fidèle de l'article 27 de l'ordonnance du 18 décembre 1825, trouve, en quelque sorte, son commentaire ou son explication dans la loi du 27 mars 1851 que nous rapportons plus loin.

» Art. 32. — Les vases ou futailles servant de

récipient aux boissons, liquides ou autres matières, ne seront pas réputés mesures de capacité ou de pesanteur (a).

» Il sera pourvu à ce que, dans le débit en détail, les boissons et autres liquides ne soient pas vendus à raison d'une certaine mesure présumée, sans avoir été mesurés effectivement (b).

(a) Les futailles sont des vaisseaux de bois dont la contenance varie suivant les lieux de provenance et souvent aussi, suivant le genre de liquide qu'elles sont destinées à contenir. Les futailles prennent, dans l'usage commercial, des noms différents suivant leur contenance : celui de feuillette lorsqu'elles contiennent 130 à 132 litres ; celui de barrique lorsque la contenance est plus grande. La barrique de Bordeaux contient de 175 à 201 et 215 litres ; celle de Nantes, 200 litres ; celle d'Issoudun, 228 à 230 litres ; celle de Paris, 195 litres 1/2 ; celle de Mâcon, 215 litres ; celle de Châlons-S.-S., 225 litres, etc. Les futailles prennent le nom de pipe lorsqu'elles sont d'une dimension plus grande : la pipe de Cognac contient 624 litres ; celle de Languedoc, 610 litres ; celle de Paris, 432 litres, etc.

Les prescriptions de l'article 32 de cette ordonnance, renouvelées de l'article 22 de celle de 1825, sont la source de nombreux abus dont beaucoup de plaintes ont signalé les fâcheux effets. Une pétition, rapportée au Sénat dans sa séance du 3 février 1863, a donné lieu, de la part de M. Lefebvre-Duruflé, rapporteur, à des observations sur la nécessité de mettre un terme aux abus qui découlent de la législation actuelle ; ce sénateur, après avoir insisté sur l'urgence, termine son rapport en faisant allusion aux nombreuses pétitions présentées au Sénat :
« En se reportant aux puissants et honnêtes motifs sur lesquels » reposent ces pétitions, ainsi qu'aux excellents rapports aux-

» quels elles ont donné lieu, votre Commission n'a pu s'expli-
» quer l'inaction de l'administration et sa tolérance pour une
» situation qui lèse, à la fois, le propriétaire, les finances de
» l'État et le consommateur, depuis le plus humble cabaret jus-
» qu'à la cave du riche.

» Dans les réponses qui ont été faites par le ministre, à pro-
» pos des renvois que vous avez votés, on admet le principe du
» jaugeage métrique comme incontestable en théorie, mais on
» recule devant les difficultés de la pratique.

» Votre Commission croit que ces difficultés ne sont pas in-
» surmontables. . . . . »

Différents moyens sont employés pour *jauger* ou mesurer la
contenance des futailles. Les employés de la Régie, qui ne sont
pas toujours capables de faire les calculs nécessaires pour déterminer le cube des tonneaux, et qui, d'ailleurs, pourraient se
tromper en opérant dans les embarras de l'exercice, se servent
de plusieurs espèces de jauges pour percevoir les droits sur les
liquides. La plus généralement usitée est la jauge diagonale,
sur laquelle sont marquées des divisions ; on la passe oblique-
ment dans le tonneau par la bonde, en faisant porter son extrémité à l'angle interne du fond, de manière à obtenir la plus
grande distance du fond au centre de la bonde au-dessous du
bois ; on lit ensuite sur la règle le numéro de graduation qui
donne le nombre de décalitres. Il est bon de faire cette opération sur les deux fonds, bien que l'une d'elles suffise pour donner la capacité totale, car il se peut que les deux diagonales ne
soient pas égales, alors il faudrait prendre la demi-somme des
deux indications.

Pour trouver la capacité d'un tonneau, il faut en ramener la
forme à celle d'un cylindre, en calculant un diamètre moyen par
la règle suivante : mesurez en décimètres les largeurs diamétra-
les du *bouge* (renflement du tonneau où est la bonde) et du
fond, prenez les 5/8 de la différence de ces diamètres et ajou-

tez ce nombre au diamètre du fond ; vous aurez le diamètre moyen ou du cylindre équivalent ; vous multiplierez le cercle de la base par la hauteur et vous aurez la capacité. Le calcul fait d'après ces principes donnera un résultat très approximatif, mais la règle ainsi posée, n'est rigoureusement applicable qu'aux futailles convenablement bombées ; elle perd un peu de sa précision dans divers cas.

Ainsi, pour les fûts dont le renflement est très prononcé, comme les pipes de Cognac, les pièces d'Auvergne, les futailles de rhum, on devra remplacer la fraction 5/8 par 2/8 ; mais, s'il s'agit des pièces de Mâcon, des bordelaises et généralement du plus grand nombre des barriques qui sont peu bombées, on remplacera la fraction 5/8 par 3/5.

On use encore d'un autre moyen, qui consiste à vider le contenu pour en opérer le mesurage, mais aucune de ces méthodes n'offre autant de garantie que le pesage, consistant, la pesanteur spécifique du liquide étant connue, à ramener le poids *net* de la futaille au nombre de litres qu'elle contient, en divisant le poids trouvé par la pesanteur spécifique d'un litre du liquide. Le quotient indique la capacité.

Pour répondre au désir du Sénat, qui voudrait voir chaque fût porter l'indication de sa contenance (*Moniteur universel* du 4 février 1863), il suffirait d'appliquer les lois existantes :

Article 5 du décret du 22 octobre 1793 : « La Convention » charge la Commission des poids et mesures de perfectionner » le jaugeage des tonneaux et autres vases, ainsi que celui des » vaisseaux, afin d'introduire un mode de jaugeage et des jauges » uniformes pour toute la France. »

Art. 6 de la proclamation, — Arrêté du Directoire exécutif du 11 thermidor an VII. « ...... Il ne pourra être exposé en » vente sur les ports, dans les halles ou marchés : des vins, du » cidre, de l'eau-de-vie ou autres liqueurs en tonneaux, si la » futaille ne porte, en caractères visibles et indélébiles, soit

» sur un des fonds, soit ailleurs, l'indication en chiffres du nom-
» bre de litres qu'elle contient. »

Cet article satisferait aux besoins, en le modifiant légèrement; nous dirions : « Toutes les futailles, sans exception, por-
» teront sur chacun des fonds, en chiffres apposés au fer chaud,
» l'indication de leur contenance. »

En cas de fraude sur la contenance, il y aurait lieu d'appliquer
l'article 1er § 3 de la loi du 27 mars 1851.

Nous dirons avec les pétitionnaires, avec le Sénat, qu'il est regrettable que les prescriptions de l'arrêté de l'an VII ne soient
pas rigoureusement appliquées sur tous les points de la France,
ce qui pourrait être fait, dans chaque localité, par un arrêté du
maire, dans la limite des attributions qui ont été données à ces
magistrats par la loi du 18 juillet 1837, ainsi que nous l'avons
vu pratiquer à Issoudun, département de l'Indre. Une telle mesure empêcherait bien des fraudes.

Nous devons ajouter qu'en 1847, l'administration a eu une
velléité de faire cesser les inconvénients fâcheux, pour les intérêts du commerce, qui résultent de l'état actuel de la législation ; on demanda des renseignements aux préfets sur les jauges
des futailles pour les liquides, et ce fut tout. Cette question,
d'une si grande importance, mérite d'être sérieusement re-
prise.

(b) Les marchands en détail de liquides sont toujours pourvus de mesures légales avec lesquelles ils *doivent* effectivement
mesurer l'objet qu'ils vendent. Celui qui, par exemple, donnerait une bouteille pour un litre, commettrait une contravention
qui, dans le cas où la bouteille serait d'une contenance inférieure à celle du litre, le mettrait sous le coup de l'article 1er de
a loi du 27 mars 1851. « D'un autre côté, dit la circulaire du
» 30 août 1839, si la consommation ne peut être contrainte à
» accepter les vases, bouteilles, récipients, pour une contenance
» déterminée, rien ne s'oppose à ce que la vente ait lieu sui-

» vant les usages adoptés, soit à la bouteille, soit à la pièce,
» mais sans désignation ni garantie d'aucune quantité corres-
» pondant à une mesure légale. »

Beaucoup plus tard, le ministre du commerce a prohibé l'u-
sage des bouteilles portant l'indication de litre, demi-litre, etc.
La circulaire, portant la date du 10 novembre 1852, se termine
ainsi : « Un arrêté destiné à être rendu public, et dont l'affi-
» chage pourrait être rendu obligatoire dans les débits, me pa-
« raîtrait devoir être pris par vous (le préfet), afin de pres-
» crire aux débitants de boissons : 1° de faire disparaître de leurs
» établissements, dans un délai déterminé et sous peine de
» saisie, qui serait suivie de poursuites, toute bouteille portant,
» par une marque quelconque, l'indication d'une contenance
» décimale : 2° de mesurer *effectivement*, dans des mesures lé-
» gales dont ils sont tenus de se pourvoir, toute *quantité déci-*
» *male* de boissons qui leur serait demandée par l'acheteur. »

» Art. 33. — Les arrêtés pris par les préfets en
matière de poids et mesures, à l'exception de ceux
qui seront pris en exécution de l'article 18, ne seront exécutoires qu'après l'approbation de notre
ministre du commerce.

(*a*) Ces arrêtés, revêtus de l'approbation du ministre, sont
obligatoires pour les marchands sédentaires et même pour les
marchands forains. (Ainsi jugé par la Cour de cassation, les 10
septembre 1819, 15 mai 1829 et 8 octobre 1836.)

TITRE IV.

Des infractions et du mode de les constater.

» Art. 34. — Indépendamment du droit conféré

aux officiers de police judiciaire par le Code d'instruction criminelle, les vérificateurs constatent les contraventions prévues par les lois et règlements concernant les poids et mesures, dans l'étendue de l'arrondissement pour lequel ils sont commissionnés et assermentés (a).

» Ils sont tenus de justifier de leur commission aux assujétis qui le requièrent.

» Leurs procès-verbaux font foi en justice jusqu'à preuve contraire, conformément à l'article 7 de la loi du 4 juillet 1857 (a).

(a) Voir l'article 7 de la loi du 4 juillet 1837 et les notes a et c placées à la suite de cet article.

» Art. 35. — Les vérificateurs saisissent tous les poids et mesures autres que ceux maintenus par la loi du 4 juillet 1837.

» Ils saisissent également tous les poids, mesures, instruments de pesage et mesurage altérés ou défectueux, ou qui ne seraient pas revêtus des marques légales de la vérification (a).

» Ils déposent à la mairie les objets saisis, toutes les fois que cela est possible.

(a) Voir l'article 7 de la loi du 4 juillet 1837 et les notes a et b placées à la suite de cet article.

Il est très important que ces objets soient immédiatement retirés des mains des commerçants qui les détiennent, autant pour mettre sous les yeux de la justice les instruments du délit, que

pour arrêter les effets fâcheux que leur emploi pourrait produire.
Les objets non revêtus des marques de la vérification, dont l'u-
sage est prohibé par l'article 27 § 2, ci-dessus, doivent être saisis aussitôt après l'expiration des délais assignés par l'arrêté
préfectoral pris en conformité de ce même article 27 ; ceci s'applique à la marque de la vérification périodique, mais il est bien
entendu que les instruments qui ne seraient pas revêtus de la
marque de la vérification première devraient également être
saisis.

Le droit de saisir est la conséquence logique du droit conféré
par l'article 34, de faire des procès-verbaux.

Au surplus, voir les articles 6 de l'ordonnance du 26 décembre 1842, 10 ci-dessus de l'ordonnance de 1839 et les notes
placées à la suite de ces deux articles.

» **Art. 36.** — **Ils doivent recueillir et relater les
circonstances qui ont accompagné soit la possession, soit l'usage des poids ou des mesures dont
l'emploi est interdit** (*a*).

(*a*) Par conséquent, si les poids et mesures dont l'emploi est
interdit, ont servi à commettre une fraude, un délit, le vérificateur doit relater les circonstances dans lesquelles la contravention a été commise, prendre le nom des témoins, etc. Nous allons plus loin, en disant qu'il est du devoir du vérificateur de
dresser procès-verbal, s'il voit commettre une fraude, une tromperie sur la quantité de la chose livrée, par une manœuvre quelconque, même au moyen d'instruments réguliers ; cette opinion
résulte de l'ensemble de la loi du 27 mars 1851, interprétée par
la circulaire ministérielle du 24 juin 1852, où il est dit que les
vérificateurs doivent se considérer comme chargés de l'exécution de la loi du 27 mars et constater, dans les limites de leurs
attributions, les infractions à cette loi, abstraction faite de la
pénalité.

» **Art. 37.** — S'ils trouvent des mesures qui, par leur état d'oxydation, puissent nuire à la santé des citoyens, ils en donnent avis aux maires et aux commissaires de police (a).

(a) En Algérie, cette disposition est plus complète, la libre action du vérificateur n'est pas entravée ; l'article 34, § 2 de l'arrêté du 22 mai 1846 dit : « Les poids et mesures qui, par » leur état d'oxydation, pourraient nuire à la santé publique » doivent être saisis comme altérés ou défectueux, à moins » que le propriétaire ne consente qu'ils soient brisés par le » vérificateur. » L'article 12 de l'arrêté du 26 décembre 1851, complémentaire du précédent, ajoute : « S'il ne se prêtait pas » à cette destruction, il y aurait lieu de le poursuivre comme » détenteur de poids et mesures illégaux, et ces instruments » seraient préalablement saisis. »

Nous ajouterons que toujours le vérificateur doit constater le degré de justesse de ces sortes d'instruments, et les saisir s'ils sont faux, sans s'arrêter au consentement que leur propriétaire pourrait donner à leur fracture.

» **Art. 38.** — Les assujétis sont tenus d'ouvrir leurs magasins, boutiques et ateliers, et de ne pas quitter leur domicile après que, par un ban, publié dans la forme ordinaire, le maire aura fait connaître, au moins deux jours à l'avance, le jour de la vérification (a).

» Ils sont tenus de se prêter aux exercices, toutes les fois qu'ont lieu les visites prévues par les articles 19 et 20.

(a) Du moment que l'article 19 avait posé en principe la vérification périodique faite à domicile, la conséquence naturelle de cette prescription devait être, que des facilités seraient offertes au vérificateur ; et, que, lorsque ce fonctionnaire se présenterait chez un commerçant, à l'heure et au jour de son choix, tout en restant dans les termes ou délais accordés par l'arrêté du préfet, il devrait toujours trouver l'assujéti disposé et prêt à faire accomplir la vérification de ses instruments de pesage et de mesurage.

L'obligation ainsi imposée à l'assujéti, de ne pas quitter son domicile, est essentiellement onéreuse et gênante pour lui, aussi, peut-on ajouter cette cause à celles indiquées dans l'annotation de l'article 19 qui font accepter, par l'assujéti, comme un avantage, la vérification au bureau du vérificateur. Ainsi que nous l'avons déjà fait remarquer, le commerçant en se rendant au bureau du vérificateur, le fait à sa convenance, au moment où ses occupations lui laissent la libre disposition de son temps, tandis qu'en exécutant les prescriptions de l'article 38, il doit attendre la convenance du vérificateur.

» **Art. 39.** — **Dans le cas de refus d'exercice, et toutes les fois que les vérificateurs procèdent chez les débitants, avant le lever et après le coucher du soleil, aux visites autorisées par l'article 26 (*a*), ils ne peuvent s'introduire dans les maisons, bâtiments ou magasins qu'en présence soit du juge de paix ou de son suppléant, soit du maire, de l'adjoint ou du commissaire de police.**

(*a*) L'article 26 n'*autorise* rien ; on a sans doute voulu citer l'article 20, § 2, qui donne aux vérificateurs le droit de faire des visites inopinées et de surveillance chez les assujétis, visites pour lesquelles ils doivent se conformer aux prescriptions contenues dans l'article 26. — Voir la note de l'article 26.

» **Art. 40.** — Les fonctionnaires dénommés en l'article précédent ne peuvent se refuser à accompagner sur-le-champ les vérificateurs, lorsqu'ils en sont requis par eux, et les procès verbaux qui sont dressés, s'il y a lieu, sont signés par l'officier en présence duquel ils ont été faits, sauf aux vérificateurs, en cas de refus (a), d'en faire mention auxdits procès-verbaux.

(a) Voir le dernier alinéa de la note placée à la suite de l'article 26.

D'autres fonctionnaires ou magistrats ne pourraient pas valablement remplacer ceux dénommés en l'article 39 qui précède, et en l'article 39 de l'arrêté du 22 mai 1846 sur les poids et mesures en Algérie, cité dans la note de l'article 26.

» **Art. 41.** — Les vérificateurs dressent leurs procès-verbaux dans les vingt-quatre heures de la contravention par eux constatée. Ils les écrivent eux-mêmes; ils les signent et affirment au plus tard le lendemain de la clôture desdits procès-verbaux, pardevant le maire ou l'adjoint soit de la commune de leur résidence, soit de celle où l'infraction a été commise; l'affirmation est signée tant par les maires et adjoints que par les vérificateurs (a).

(a) Ainsi, une contravention étant constatée le 2 du mois, le procès-verbal peut n'être dressé que le 3, mais dans ce cas, on doit faire mention de l'heure où la contravention a été constatée le 2 et de celle où le procès-verbal a été clos le 3 ; le procès-verbal doit être affirmé le lendemain de sa clôture.

En Algérie, le deuxième alinéa de l'article 52 de l'arrêté du 22 mai 1846 est la reproduction de l'article 41 ci-dessus, sauf le délai pour l'affirmation qui est de trois jours.

Voir la note placée à la suite de l'article 41 de l'ordonnance du 26 décembre 1842.

Nous croyons devoir faire remarquer que, si l'ordonnance du 26 décembre 1842, ayant force de loi en Algérie, prescrit l'affirmation comme partie intégrante d'un procès-verbal, la loi exécutive du 4 juillet 1837 (article 7) garde le silence à cet égard ; l'article 41 de l'ordonnance de 1839 est, il est vrai, venu l'imposer, mais cette ordonnance qui, aux termes de l'article 8, avait uniquement pour mission de *régler la manière dont s'effectuerait la vérification des poids et mesures*, pouvait-elle, à bon droit, modifier, ainsi qu'elle l'a fait, l'article 7 de la loi de 1837? Notre conviction intime est que, la loi de 1837 n'ayant soumis les procès-verbaux des vérificateurs à aucune condition substantielle de leur validité, ces actes, bien que *non* affirmés, conservent, en France, toute leur valeur.

» **Art. 42.** — Leurs procès-verbaux sont enregistrés dans les quinze jours qui suivent celui de l'affirmation (*a*), et, conformément à l'article 74 de la loi du 25 mars 1817, ils sont visés pour timbre et enregistrés en débet, sauf à suivre le recouvrement des droits contre les condamnés.

(*a*) Ainsi, un procès-verbal affirmé le 4 du mois, doit être enregistré au plus tard le 19.

» **Art. 43**. — Dans le même délai (*a*), ces procès-verbaux sont remis au juge de paix (*b*), qui se conforme aux règles établies par les articles 20, 21 et 139 du Code d'instruction criminelle.

(*a*) C'est-à-dire dans les quinze jours qui suivent l'enregistrement des procès-verbaux.

Autant que possible, les vérificateurs ne devront pas user des délais donnés par les articles 41, 42 et 43 : plus la repression sera prompte, plus son effet sera grand.

(*b*) Il est bien entendu que toutes les fois que la constatation du procès-verbal aura pour objet, un délit de nature à mériter une peine correctionnelle par application de la loi du 27 mars 1851, la remise en sera faite, non au juge de paix, mais bien au procureur impérial du tribunal correctionnel, qui devra en connaître.

» **Art. 44**. — Les vérificateurs des poids et mesures sont sous la surveillance des procureurs du Roi, sans préjudice de leur subordination à l'égard de leurs supérieurs dans l'administration (*a*).

(*a*) Les vérificateurs sont officiers de police judiciaire en cette partie.

« Cette surveillance ne doit porter aucune atteinte à la subor-
» dination des vérificateurs à l'égard de leurs supérieurs dans
» l'ordre administratif ; elle a pour objet d'imprimer une régu-
» larité convenable aux opérations qu'ils sont appelés à faire,
» par suite de leur assermentation et comme officiers de police
» judiciaire..... Cette disposition a été adoptée, pour assurer
» à la fois, la garantie des assujétis et l'exécution régulière de
» la loi du 4 juillet 1837. » (Circulaire du 30 août 1839.)

En Algérie, l'article 20, § 2 de l'arrêté du 23 mai 1846 s'exprime ainsi : « Ils (les vérificateurs) exercent les fonctions » d'officiers de police judiciaire, sous la surveillance et la pro- » tection du procureur du Roi. »

» Art. 45. — Si des affiches ou annonces con- tiennent des dénominations de poids et mesures autres que celles portées dans le tableau annexé à la loi du 4 juillet 1837, les maires, adjoints et commissaires de police sont tenus de constater cette contravention, et d'envoyer immédiatement leurs procès-verbaux au receveur de l'enregistre- ment.

» Les vérificateurs et tous autres agents de l'au- torité publique sont tenus également de signaler au même fonctionnaire toutes les contraventions de ce genre qu'ils pourront découvrir (a).

» Les receveurs d'enregistrement, soit d'office, soit d'après ces dénonciations, soit sur la trans- mission qui leur est faite des procès-verbaux ou rapports, dirigent contre les contrevenants les poursuites prescrites par l'article 5 de la loi pré- citée.

(a) « Les vérificateurs sont seulement tenus de signaler (sans » procès-verbal) ces contraventions au fonctionnaire chargé » d'en poursuivre la repression ; leur concours actif est *indi-* » *spensable* pour que cette repression soit générale et atteigne » le but de la loi. » (Circulaire du 30 août 1839.)

En Algérie, l'article 45 a été textuellement reproduit par l'article 66 de l'arrêté du 22 mai 1846. Les prescriptions de l'article 66 sont moins complètes que celles renfermées dans l'article 3 de l'ordonnance du 26 décembre 1842, mais elles ne peuvent en rien atténuer ces dernières.

Au surplus, pour plus ample instruction, consulter les notes placées à la suite des articles 5 de la loi du 4 juillet 1837 et 3 de l'ordonnance de 1842, ainsi que ces articles eux-mêmes.

TITRE V.

Des droits de vérification.

» Art. 46. — La vérification première des poids, mesures et instruments de pesage est faite gratuitement (*a*).

» Il en est de même pour les poids, mesures et instruments de pesage rajustés qui sont soumis à une nouvelle vérification (*a*).

(*a*) L'arrêté du 29 prairial an IX, établit les droits de vérification ; le produit de la rétribution devait être affecté à l'entretien des poinçons et au traitement du personnel de la vérification. Les fabricants de poids et mesures étaient astreints à payer la rétribution pour les objets neufs ou rajustés. En 1812, ces droits furent modifiés. En 1825, l'ordonnance du 18 décembre édicta un tarif complet, dans lequel furent compris les instruments de pesage qui, précédemment n'étaient pas taxés ; ces derniers furent alors assujétis à *la vérification primitive* seulement. A partir de cette époque, le tarif des droits à payer par les fabricants pour la vérification primitive fut réduit à moitié (article 17, §.3) de ceux établis pour la vérification périodique ; plus tard, l'ordonnance du 18 mai 1838 a affranchi la vérification primitive du paiement de la taxe ; l'article 46 en est la consécration.

En Algérie, l'article 46 a été reproduit et forme les articles 12 de l'ordonnance du 26 décembre 1842 et 41 de l'arrêté du 22 mai 1846.

» Art. 47. — Les droits de vérification périodique seront provisoirement perçus conformément au tarif annexé à l'ordonnance du 18 décembre 1825 (a), modifié par celles du 21 décembre 1832 et du 18 mai 1838 (b).

(a) Pour rattacher le tarif de 1825 que nous donnons, à la nomenclature actuelle, nous mettrons les noms conservés par l'ordonnance du 16 juin 1839.

POIDS EN CUIVRE.

Simples.	Centimes.		Divisés.	Centimes.
20 kilogrammes......	37 5		1 kilogramme... ...	30
10 kilogrammes......	37 5		Demi-kilogramme et	
5 kilogrammes......	37 5		au-dessous.........	30
Double kilogramme...	15			
Kilogramme.........	15			
Demi-kilogramme....	15			
Du double hectogramme au gramme, pour chacun............	7 5			

POIDS EN FER.

	Centimes.			Centimes.
50 kilogrammes......	50		Kilogramme.........	10
20 kilogrammes.....	25		Demi-kilogramme....	10
10 kilogrammes.....	25		Double hectogr. hecto-	
5 kilogrammes......	25		gramme et demi-hec-	
Double kilogramme..	10		togramme, chacun...	05

MESURES DE CAPACITÉ POUR LES MATIÈRES SÈCHES.

	Centimes.		Centimes.
Hectolitre.	75	Demi-décalitre.	7
Demi-hectolitre.	50	Du double litre au de-	
Double décalitre.	15	mi - décilitre, cha-	
Décalitre	10	cun.	5

MESURES DE CAPACITÉ POUR LES LIQUIDES.

	Centimes.		Centimes.
Double décalitre.	50	Litre.	15
Décalitre.	50	Demi-litre et au-des-	
Demi-décalitre.	50	sous, chacun.	10
Double litre.	20		

MESURES POUR LE LAIT.

	Centimes.		Centimes.
Double litre.	10	Demi-litre et au-des-	
Litre.	10	sous, chacun.	05

MESURES DE LONGUEUR.

	Centimes.		Centimes.
Décamètre, son double		Mètre ou demi-mètre..	10
et sa moitié, chacun.	25	Décimètre ou son dou-	
Double mètre.	15	ble, chacun.	05

MESURES DE SOLIDITÉ.

	Centimes.
Stère ou son double.	75

INSTRUMENTS DE PESAGE.

	Fr.	Cent.		Fr.	Cent.
Balances-Bascules.	2	»	Romaines tolérées :		
Balances de magasin. . .	0	50	Jusqu'à 40 kilogr.	0	50
id. de comptoir. .	0	25	Pour chaque 20 kilogr.		
			en sus.	0	25
			De 200 kil. et au-dessus.	2	50

(*b*) L'article 8 de l'ordonnance du 21 décembre 1832, assujétit les balances, romaines ou autres instruments de pesage autorisés ou tolérés *à la vérification périodique* et au paiement de la rétribution. L'article 1er de l'ordonnance du 18 mai 1838 établit la gratuité de la vérification primitive ; l'article 2 maintient, pour la vérification périodique, le tarif de 1825. L'article 16 de l'ordonnance du 18 mai 1825 réduisait de moitié le taux du tarif, pour les localités où la vérification périodique n'était effectuée que tous les deux ans; l'article 2 de l'ordonnance du 21 décembre 1832 a, au contraire, établi que le tarif serait intégralement perçu, dans ces localités, tandis que, d'après l'article 1er, un dégrèvement du dixième de la rétribution a été accordé pour les localités où la vérification serait annuelle.

» Art. 48. — La vérification périodique des poids, mesures et instruments de pesage appartenant aux établissements publics désignés par l'article 24 est faite gratuitement.

» Il en est de même pour les poids, mesures et instruments de pesage présentés volontairement à la vérification par des individus non assujétis (a).

(a) C'est-à-dire les individus dont la profession n'est comprise ni directement ni analogiquement dans le tableau des professions, arrêté en vertu de l'article 15, et qui ne font pas un usage public de leurs instruments de pesage ou de mesurage.

» Art. 49. — Les droits de la vérification périodique sont payés pour les poids et mesures formant l'assortiment obligatoire de chaque assujéti (a) et pour les instruments de pesage (b) sujets à la vérification.

» Les poids et mesures excédant l'assortiment

obligatoire sont vérifiés et poinçonnés gratuitement (*b*).

(*a*) Ainsi, l'assujéti qui se livre à plusieurs genres de commerce et doit, aux termes de l'article 16, être pourvu de l'assortiment de poids et de mesures fixé pour chacun d'eux, à moins
que l'assortiment déterminé pour l'une des branches de son
commerce, soit entièrement et *nommement* compris dans l'une
des autres branches de commerce ou d'industrie qu'il exerce,
paiera les taxes cumulées qui sont établies pour chacun de
ces assortiments.

Un assujéti est, à la fois, aubergiste, débitant de tabac et
marchand de bois : si l'assortiment fixé par l'arrêté préfectoral
pour l'une de ces trois branches de commerce, n'est pas le même
ou n'est pas compris dans l'assortiment de l'une des deux autres, il devra payer cumulativement, et la taxe d'aubergiste, et
la taxe de marchand de tabac, et celle de marchand de bois.

Il en est de même pour chacun des établissements distincts
que possède un assujéti ; car ce n'est pas sur l'assujéti que frappe
le droit, mais sur l'établissement, le magasin, la boutique ou
l'atelier qu'il possède.

(*b*) D'après le libellé de cet article pris dans son ensemble,
comme, jusqu'à cette époque, on n'avait pas compris les instruments de pesage dans la dénomination générale de *poids et mesures*, il semblerait que le législateur, encore imbu de cette opinion, a voulu assujétir le commerçant qui possède des balances
en excédant de son assortiment obligatoire, à payer le droit af-
férent à ces balances et ne lui accorder la gratuité que lorsque
cet excédant consiste en poids et en mesures de capacité, de
longueur ou de solidité seulement, tandis que la gratuité est accordée pour les balances aussi bien que pour les autres objets.

L'article 3 de l'arrêté du 26 décembre 1851, sur les poids et
mesures en Algérie, est plus clair ou plus complet, il s'exprime

ainsi : « Les droits de vérification périodique seront payés pour
» les poids, mesures et balances à bras égaux formant l'assor-
» timent obligatoire de chaque assujéti, *et* pour le nombre ef-
» fectif des balances-bascules, romaines et séries de mesures
» en ferblanc dont il sera fait usage. »

» Art. 50. — Les états-matrices des rôles sont
dressés par les vérificateurs des poids et mesures,
d'après le résultat des opérations qui doivent être
consommées avant le 1er août.

» Ces états sont remis aux directeurs des contributions directes, à mesure que les opérations sont
terminées dans les communes dépendant de la
même perception, et, au plus tard le 1er août de
chaque année (*a*).

(*a*) Dans l'ordre du service, les vérificateurs doivent adresser
les états-matrices aux préfets ou aux sous-préfets, leurs chefs
hiérarchiques, qui les transmettent aux directeurs des contributions directes.

En Algérie, la vérification périodique peut s'effectuer et
s'effectue pendant toute l'année.

» Art. 51. — Les directeurs des contributions
directes, après avoir vérifié et arrêté les états-matrices mentionnés à l'article précédent, procèdent
à la confection des rôles, lesquels sont rendus
exécutoires par le préfet, pour être mis immédiatement en recouvrement par les mêmes voies et

avec les mêmes termes de recours, en cas de réclamation que pour les contributions directes (a).

(a) Le mode suivi pour établir les rétributions que doivent payer les assujétis et pour recouvrer ces taxes, nécessite un travail long et fastidieux de la part du vérificateur d'abord, puis de celle du directeur des contributions qui, n'ayant pas le droit de s'ingérer dans l'application du tarif aux assujétis, se borne à *vérifier* si le vérificateur n'aurait pas commis une erreur d'addition en cumulant les taxes, lorsqu'il y a lieu de le faire, ou s'il n'aurait pas appliqué à une profession, la taxe fixée pour une autre, ou si, encore, une erreur de chiffre ne se serait pas glissée dans le total partiel ou général de l'état-matrice. Ainsi que le veulent les articles 50 et 51, le vérificateur, après avoir terminé ses tournées de vérification, confectionne ses états-matrices qu'il adresse au sous-préfet, qui les envoie au directeur des contributions, lequel confectionne des rôles qui, après avoir été rendus exécutoires par le préfet, sont remis au percepteur qui, à son tour, libelle et fait distribuer ses avertissements. Mais, voici ce qui arrive: pendant que toutes ces formalités s'accomplissent, beaucoup d'assujétis ont cessé leur commerce, quitté le pays, sont morts ou devenus insolvables, aussi, voit-on toujours figurer, à la suite des rôles, de longs et désespérants états de non-valeurs qui justifient d'une perte pour le Trésor et sont un embarras pour le percepteur.

Au lieu de tous ces rouages compliqués, on a adopté, en Algérie, un mode beaucoup plus simple et plus sûr.

L'article 45 de l'arrêté du 22 mai 1846 veut, qu'aussitôt après la vérification des instruments présentés par chaque assujéti, le vérificateur constate son opération sur le registre portatif à ce destiné (mention de la date, des noms, prénoms, professions, demeure de l'assujéti, des instruments qu'il présente et des droits à payer), puis il en extrait un bulletin à souche indiquant la taxe due. Aux termes de l'article 46, lorsque le percepteur réside dans la localité où la vérification se fait, ou qu'il assiste à l'opération, ce qui a lieu le plus souvent, le bulletin à souche est remis à l'assujéti qui n'enlève ses instruments de pesage et de mesurage qu'après avoir représenté au vérificateur la quittance du percepteur, constatant le paiement de la rétribution : lorsque le percepteur n'est pas dans la localité, l'assujéti enlève ses poids et mesures aussitôt après leur vérification et le bulletin indiquant la somme due est transmis au percepteur par les soins du vérificateur. Ces bulletins servent, au receveur, de titre de perception et il doit, sous sa responsabilité, en recouvrer aussitôt le montant.

Lorsque la vérification est terminée dans le ressort d'une perception, le vérificateur envoie au directeur des contributions, un état où sont indiqués le nombre d'assujétis vérifiés dans chaque localité et le montant des droits qu'ils ont dû verser dans la caisse du percepteur. Cet état sert, au directeur, de moyen de contrôle pour s'assurer de l'exactitude des perceptions.

Ainsi qu'on le voit, sans perte de temps et sans qu'il soit nécessaire de déployer un véritable luxe de paperasses noircies à grand'peine, la rentrée de tous les droits est parfaitement assurée en Algérie, ce qui est bien loin d'avoir lieu en France. En outre, le vérificateur n'étant pas forcé de renfermer ses opérations dans un laps de sept mois et pouvant les prolonger pendant toute l'année, a l'avantage précieux de pouvoir consacrer beaucoup plus de temps à chaque localité.

Les réclamations, motivées par une exagération dans les taxes ou une fausse application des tarifs, sont formées comme en matière de contributions directes et dans les mêmes termes en Algérie qu'en France. Voici le mode suivi : l'assujéti adresse au préfet sa réclamation motivée, écrite sur une feuille de papier timbré si la somme excède dix francs, et met à l'appui la quittance qui lui a été délivrée par le percepteur. Le conseil de préfecture, saisi de la réclamation par le préfet, après avoir pris l'avis du vérificateur, formule un jugement et ordonne la restitution ou le maintien des droits perçus.

Le ministre de l'intérieur ayant, dans un remarquable rapport, exprimé l'opinion que les justiciables regrettent de ne pas trouver auprès des conseils de préfecture les garanties que leur assurent, au conseil d'Etat, la création d'un commissaire du gouvernement, la présence des parties et la publicité des audiences, l'Empereur, toujours prêt à accueillir les sages et utiles réformes, lorsqu'elles se rattachent aux grands principes qui sont le fondement de notre droit public, a rendu un décret conforme aux conclusions présentées par M. de Persigny. Aux termes du décret promulgué le 30 décembre 1862, les séances des conseils de préfecture sont devenues publiques ; le conseil est présidé par le préfet ; le réclamant est admis à présenter des observations verbales à l'appui de sa réclamation, et le conseil ne rend son jugement qu'après avoir entendu le rapport d'un de ses membres sur l'affaire en litige et les conclusions du secrétaire général de la préfecture, faisant office de ministère public : ce sont là de véritables et précieuses garanties données aux contribuables par la haute et juste bienveillance de l'Empereur.

» Art. 52. — A la fin de chaque année, il sera dressé et publié des rôles supplémentaires pour les opérations qui, à raison de circonstances particulières, n'auraient pu être faites que postérieurement au délai fixé par l'article 50 (a).

(a) On suit la forme prescrite par les articles 50 et 51.

» Art. 53. — La perception des droits de vérification est faite par les agents du trésor public (a)

» Le montant intégral des rôles est exigible dans la quinzaine de leur publication.

» L'article 3 de l'ordonnance du 21 décembre 1832 continuera à être exécuté (b).

(a) La perception est faite, en France, par les percepteurs des contributions directes ; en Algérie, elle est faite par les receveurs des contributions diverses, service financier qui cumule les attributions de l'administration des contributions directes et de celle des contributions indirectes.

(b) Cet article est ainsi conçu : « A l'avenir, les rôles ne se-
» ront plus établis avant l'accomplissement des opérations ; les
» états-matrices seront, en conséquence, dressés par les agents
» des poids et mesures sur les résultats des vérifications exé-
» cutées........ »

» Art. 54. — Les remises auxquelles ont droit les agents du trésor pour le recouvrement des contributions, ainsi que les allocations revenant aux directeurs des contributions directes pour les frais de confection des rôles, sont réglées par notre ministre secrétaire d'État des finances (a).

(a) En Algérie, les receveurs des contributions ayant un traitement fixe, n'ont droit à aucune remise pour cette partie de leur service. Les directeurs des contributions diverses n'ayant pas de rôle à confectionner, ne reçoivent pas d'allocations. C'est une économie de deux dépenses qui ne laisse pas que d'avoir une importance relativement considérable.

TITRE VI.

Dispositions générales.

» **Art. 55.** — **Les contraventions aux arrêtés du préfet, à ceux du maire et à la présente ordonnance, sont poursuivies conformément aux lois (a).**

(a) Articles 57, 58, 142, 143, 163, 164, 423, 424, 463, 471 n° 15, 474, 479 n° 6, 480, 481, 482, 483 du code pénal et la loi du 27 mars 1851.

» **Art. 56.** — **Sont abrogés les proclamations et arrêtés des 27 pluviôse an VI, 19 germinal, 28 messidor et 11 thermidor an VII ; l'arrêté du 7 floréal an VIII ; les arrêtés des 13 brumaire et 29 prairial an IX, et les ordonnances royales des 18 décembre 1825, 7 juin 1826, 21 décembre 1832 et 18 mai 1838, sauf les dispositions des ordonnances des 18 décembre 1825, 21 décembre 1832 et 18 mai 1838, rappelées aux articles 47 et 53 de la présente ordonnance.**

» **Tous arrêtés ministériels pris en vertu du décret du 12 février 1812 cesseront de recevoir leur exécution au 1er janvier 1840.**

» **Art. 57.** — **Nos ministres secrétaires d'État aux départements des travaux publics, de l'agriculture et du commerce, et des finances, sont char-**

gés de l'exécution de la présente ordonnance qui
sera publiée au *Bulletin des lois.* »

ORDONNANCE DU 16 JUIN 1839

SUR LA FORME DES POIDS ET MESURES ET SUR LES MATIÈRES

ADMISES POUR LES FABRIQUER.

« Louis-Philippe, roi des Français, à tous présents et à venir salut !

» Sur le rapport de notre ministre secrétaire
d'Etat de l'agriculture et du commerce ;

» Vu la loi du 4 juillet 1837 ;

» Vu le tableau annexé à ladite loi ;

» Vu l'article 12 de l'ordonnance du 17 avril
1839, portant que la forme des poids et mesures,
servant à peser ou à mesurer les matières de commerce, sera déterminée par des règlements d'administration publique, ainsi que les matières avec
lesquelles ces poids et mesures seront fabriqués ;

» Notre Conseil d'Etat entendu (a),

» Nous avons ordonné et ordonnons ce qui
suit :

(a) Par suite de l'intervention du Conseil d'Etat, cette ordonnance est, ainsi que celle du 17 avril 1839, un règlement d'administration publique.

» Art. 1er. — A dater du 1er janvier 1840, les poids, mesures et instruments de pesage et de mesurage ne seront soumis à la vérification première (a) qu'autant qu'ils réuniront les conditions d'admission indiquées dans les tableaux annexés à la présente ordonnance.

(a) Vérification prescrite par l'article 10 de l'ordonnance du 17 avril 1839.

» Art. 2. — Les poids, mesures et instruments de pesage portant la marque de vérification première, et qui réuniront d'ailleurs les conditions exigées jusqu'ici, seront admis à la vérification périodique (a), savoir :

Les mesures décimales de longueur, après qu'on aura fait disparaître les divisions et les noms relatifs aux anciennes dénominations ;

» Les mesures décimales pour les matières sèches, quelle que soit l'espèce de bois dont elles seront construites ;

» Les mesures décimales en étain, quel que soit leur poids ;

» Les poids décimaux en fer et en cuivre, quelle que soit leur forme, après qu'on aura fait disparaître l'indication relative aux anciennes dénominations, et pourvu qu'ils portent sur la surface supérieure les noms qui leur sont propres ;

» Les poids décimaux en fer et en cuivre, portant uniquement leurs noms exprimés en myriagrammes, kilogrammes, hectogrammes ou décagrammes ;

» Les poids décimaux à l'usage des balances-bascules, pourvu qu'ils ne portent pas d'autre indication que celle de leur valeur réelle ;

» Enfin les romaines dont on aura fait disparaître les anciennes divisions et dénominations, pourvu qu'elles soient graduées en divisions décimales et reconnues oscillantes.

» Les poids et mesures décimaux placés dans une des catégories qui précèdent, ne pourront être conservés par les assujétis qu'autant qu'ils auront subi, avant l'époque de la vérification périodique de 1840, les modifications exigées ; ces poids et mesures pourront être rajustés, mais ils ne devront pas être remontés à neuf (b).

(a) « Toutes les dispositions contenues dans l'ordonnance
» du 16 juin 1839 et dans les tableaux qui y sont annexés,
» étant formelles et impératives, il importe essentiellement que,
» dans aucun cas, et sous aucun prétexte, il n'y soit dérogé ; de
» leur côté, les vérificateurs devront veiller avec un soin parti-
» culier à ce que les fabricants se conforment scrupuleusement
» à ces dispositions ; ils devront veiller, surtout, à ce que les
» instruments de pesage et de mesurage mentionnés dans l'ar-
» ticle 2, ne soient pas remontés à neuf. » (Circulaire du 15 septembre 1839.)

(*b*) Pourront être rajustés, c'est-à-dire, pourront recevoir les *menues* réparations nécessaires pour leur donner la précision légale; par exemple : mettre une goupille à un mètre brisé, roger légèrement le corps d'une mesure en bois, remplacer une bande latérale, ajouter un peu de plomb aux poids en fer lorsqu'ils sont trop légers, en retrancher lorsqu'ils sont trop lourds et autres semblables réparations, c'est ce que l'on nomme des rajustages; mais, si l'on change une partie de la mesure de longueur, si l'on met un corps, un fond, un jable ou une autre partie à une mesure de capacité, si l'on met un plomb neuf, un anneau ou une autre pièce neuve à un poids en fer, si l'on change le bouton ou le cylindre d'un poids en cuivre, ces instruments doivent alors être considérés comme ayant été remontés à neuf et être mis hors de service.

» Art. 3. — Tous les poids et mesures autres que ceux qui sont provisoirement permis par l'article 2 de la présente ordonnance, seront mis hors de service à partir du 1ᵉʳ janvier 1840 (*a*).

(*a*) « La mise hors de service, prescrite par l'article 3, de » tous les poids et mesures autres que ceux qui sont énoncés » dans l'article 2, est applicable, non-seulement aux anciens » poids et mesures usuels, mais aux poids et mesures qui s'é- » cartent de la mesure légale, comme, par exemple, les poids » de 25 kilogrammes. » (Circulaire du 15 septembre 1839.)

» Art. 4. — Il sera déposé dans tous les bureaux de vérification des modèles ou des dessins des poids et mesures légalement autorisés, pour être communiqués à tous ceux qui voudront en prendre connaissance.

Tableau N° 1.

MESURES DE LONGUEUR.

NOMS DES MESURES.	VALEURS.	ERREURS TOLÉRABLES	
		en plus pour les mesures en bois.	en plus pour les mesures en métal.
		millim.	millim.
Double Décamètre.....	20 mètres	......	3 0
Décamètre....	10 id.	......	2 0
Demi-Décamètre....	5 id.	......	1 5
Double Mètre.........	2 id.	1 5	0 2
Mètre........	1 id.	1 0	0 2
Demi-Mètre........	0 50 centimètres	0 6	0 1
Double Décimètre....	0 20 id.	0 4	0 1
Décimètre....	0 10 id.	0 3	0 1

» Ces mesures devront être construites en métal, en bois ou autre matière solide (*a*).

» Elles pourront être établies dans la forme qui conviendra le mieux aux usages auxquels elles sont destinées (*b*).

» Indépendamment des mesures d'une seule pièce, il est permis de faire des mesures brisées, pourvu que le nombre de leur parties soit deux, cinq ou dix (*c*).

» Les mesures devront être construites avec solidité.

» Des garnitures en métal devront être adaptées aux extrémités des mesures en bois, du mètre, de son double et de sa moitié (*d*).

» Les divisions en centimètres ou millimètres devront être exactes, déliées et d'équerre avec la longueur de la mesure.

Le nom propre à chaque mesure sera gravé sur la face supérieure de la mesure, qui devra porter aussi le nom ou la marque du fabricant.

» Le décamètre, son double et sa moitié, construits en forme de chaîne, devront avoir des chaînons d'une force suffisante et de la longueur de deux ou cinq décimètres ; les anneaux, à chaque mètre, seront exécutés avec un métal d'une couleur différente de celui employé pour les autres anneaux (*e*).

(*a*) Les mesures en bois sont, ordinairement, fabriquées avec le chêne, le hêtre, le noyer, le buis, le cormier, l'alizier et les bois des îles ; les mesures de précision se font en cuivre jaune, en fer ou en acier.

(*b*) Les mesures d'une seule pièce sont carrées, plates ou à pans. On divise la mesure sur les deux faces en dix décimètres et chacun de ceux-ci en dix centimètres ; à chaque décimètre on met le chiffre qui représente le nombre de centimètres, 10, 20, 30, 40, 50, etc., qui doivent être gravés et très lisibles.

On fait des mètres en forme de cannes. Cette mesure porte, sur sa longueur, des pointes de centimètre en centimètre ; les décimètres sont indiqués par trois pointes de front ; cependant, l'on peut diviser le mètre-canne en décimètres et subdiviser le seul décimètre d'en haut en dix parties.

(*c*) On fait des mesures divisées en deux parties, depuis le double mètre jusqu'au double décimètre, ces deux parties sont reliées par une charnière à deux ou trois rondelles ; les mètres pliants ou brisés, formés de branches minces superposées en cinq ou dix parties sont ,ordinairement, en buis, houx, ébène, ivoire, os, baleine et en cuivre jaune.

(*d*) Les garnitures en métal placées à l'extrémité des mesures en bois se nomment étrier ; elles sont en cuivre, en fer ou en tôle ; elles s'adaptent au bout de la mesure par le moyen d'une broche rivée d'affleurement ; l'épaisseur de l'étrier doit être comprise dans le premier et le dernier centimètre de la mesure.

(*e*) Le premier et le dernier chaînon doivent se terminer par une *main* qui sert à saisir le décamètre lorsqu'on l'applique sur le terrain. La longueur se compte de l'extrémité intérieure d'une des poignées ou mains, jusqu'à l'extrémité intérieure de l'autre, déduction faite de l'épaisseur de l'un des chaînons.

Les erreurs tolérables pourront être *en plus* et *en moins* pour les mesures en forme de chaîne seulement.

Par une décision en date du 10 juin 1860, le ministre de l'agriculture et du commerce a autorisé l'usage et, par conséquent, l'admission à la vérification et au poinçonnage, de mesures de longueur en lames ou ruban d'acier. Ces mesures, mètre ou décamètre, peuvent s'enrouler dans une boîte spéciale, absolument comme les roulettes, elles sont graduées au moyen de trous obtenus mécaniquement, présentent toutes les garanties désirables de solidité et d'exactitude et sont préférables, dit la circulaire, aux décamètres en forme de chaîne. La marque de la vérification s'appose sur la petite main en cuivre qui est à l'extrémité de la mesure.

On fait des mesures en ruban ou en cuir dites *roulettes*, qui sont d'un très grand usage. Ces mesures qui ne sont pas admises à la vérification, portent les divisions en centimètres sur toute leur longueur, qui est de 5, de 10, de 15, de 20 mètres à volonté. Ce ruban s'enroule sur un axe à l'intérieur d'un étui rond en bois, en cuir, en ivoire ou en carton. Ce genre de mesure est très commode, mais d'une exactitude dépendante des variations de la température et de certaines autres circonstance. Les architectes, les ouvriers du bâtiment et les marchands de bois de construction s'en servent généralement.

TABLEAU N° 2.

MESURES DE CAPACITÉ POUR LES MATIÈRES SÈCHES.

NOMS DES MESURES	Contenance.	Hauteur et diamètre en millimètres	ERREURS TOLÉRABLES	
			en plus pour les mesures en bois.	en plus pour les mesures en métal.
	Litres.		Litres.	Litres.
Double Hectolitre (1)	200	634 0	2	0 40
Hectolitre...	100	503 1	1	0 20
Demi-Hectolitre...	50	399 3	0 50	0 10
Double Décalitre...	20	294 2	0 20	0 04
Décalitre...	10	233 5	0 10	0 02
Demi-Décalitre..	5	185 3	0 05	0 01
Double Litre......	2	136 6	0 02	0 01
Litre......	1	108 4	0 01	0 005
Demi-Litre......	0 50	86 0	0 005	0 002
Double Décilitre...	0 20	63 4	0 002	0 001
Décilitre...	0 10	50 3	0 001	0 0005
Demi-Décilitre...	0 05	39 9	0 0005	0 0002

» Les mesures de capacité pour les matières sèches devront être construites dans la forme cy-

lindrique et auront intérieurement le diamètre
égal à la hauteur (*b*).

» Les mesures en bois ne pourront être faites
qu'en bois de chêne (*c*); elles devront être établies
avec solidité dans toutes leurs parties (*d*).

» Pour les mesures qui seront garnies intérieurement de potences ou autres corps saillants, la
hauteur sera augmentée proportionnellement au
volume de ces objets (*e*).

» Les mesures en bois devront être formées
d'une éclisse (*f*) ou feuille courbée sur elle-même,
et fixée par des clous.

» Toutes les mesures en bois devront être garnies à la partie supérieure d'une bordure en tôle
rabattue (*g*).

» Les mesures, depuis et compris le double décalitre jusqu'à l'hectolitre, devront en outre être
ferrées : on pourra, suivant l'usage auquel elles
sont destinées, y adapter des pieds fixés avec bou-
lons et écrous.

» Les mesures en bois de plus petite dimension
pourront être garnies de bandes latérales en tôle.

» On pourra fabriquer des mesures pour les
matières sèches, en cuivre ou en tôle, pourvu
qu'elles soient établies avec solidité et dans la
forme ci-dessus prescrite (*e*).

» Chaque mesure doit porter le nom qui lui est
propre; le nom ou la marque du fabricant sera
appliqué sur le fond de la mesure.

12

(*a*) La construction du double hectolitre a été autorisée par une décision ministérielle du 2 mai 1840.

(*b*) Pour le mesurage de certains objets grossiers, lourds et sans valeur relative, comme le sable, la chaux, etc., l'emploi des mesures cylindriques est très difficile et onéreux. L'usage adopté par le Génie militaire et par l'administration des Ponts-et-Chaussées est, de mesurer ces objets avec des caisses sans fond, cubant un mètre, un demi-mètre, etc. La manière de s'en servir est facile et expéditive : lorsque la caisse est pleine, on la soulève pour la vider et on la place à côté pour la remplir de nouveau. Ne serait-il pas utile de régulariser cet usage ?

(*c*) Deux décrets, datés du 5 novembre 1852 et du 3 octobre 1856, déterminent que les bois de noyer, de hêtre, de châtaigner pourront, avec le bois de chêne, être employés pour la fabrication des mesures en bois. Autrefois, on admettait toute espèce de bois à la confection des mesures pour les matières sèches, mais on a dû limiter le choix aux bois qui éprouvent le moins de variations dues à l'état hygrométrique de l'air ; car les mesures augmentent de capacité par un temps humide et diminuent par un temps sec.

(*d*) « Les mesures qui, après vérification faite, seront trou-
» vées faibles, seront rejetées. Quant aux autres, dont la con-
» tenance serait forte, on n'admettra que celles dont les er-
» reurs ne dépasseront pas *un centième* pour toutes les mesures
» en bois, *un cinq-centième* pour les grandes mesures en cuivre
» ou en tôle et *un deux-centième* pour les petites mesures de
» même matière du double litre et au-dessous. » (Instruction du 19 décembre 1839.) Pour vérifier la contenance des mesures en bois, on se sert d'une graine ronde, bien sèche et coulante ; on fait tomber cette graine dans la mesure étalon par l'ouverture inférieure d'une trémie ; on passe ensuite la radoire sur les bords de la mesure pour que la graine la remplisse exactement et pour faire tomber ce qui est de trop. On verse ensuite dans

la trémie, la graine contenue dans l'étalon ; on la fait tomber de la même manière dans la mesure soumise à la vérification et on y passe la radoire ; s'il y a de la graine de plus, la mesure est trop petite, dès-lors, elle n'est pas admissible ; si la graine ne remplit pas exactement la mesure, elle est trop grande, alors, on y ajoutera la quantité de graine portée pour la tolérance, mais le fabricant pourra la rajuster en enlevant une portion convenable du bord.

Les mesures en cuivre, en tôle et en ferblanc peuvent être vérifiées à la graine comme celles en bois ; mais lorsqu'on veut opérer avec plus d'exactitude, on les vérifie au poids de l'eau qu'elles doivent contenir.

(e) La tringle horizontale de la potence en fer sera en contre-bas du bord de la mesure, et la tringle verticale sera garnie à sa partie inférieure d'une embase, contre laquelle le fond sera pressé au moyen de l'écrou par-dessous.

(f) L'éclisse est une feuille de bois *refendu* et non scié.

Aux termes d'une décision ministérielle, en date du 5 juin 1856, rapportant les prescriptions de l'instruction n° 3, du 19 décembre 1839, la confection des grandes mesures en bois peut avoir lieu avec une seule feuille ; les doubles feuilles ne sont plus exigées que pour l'hectolitre, son double et sa moitié, *à pieds*.

(g) Le 18 novembre 1857, le ministre de l'agriculture, du commerce et des travaux publics a décidé que les mesures en bois *au-dessus* du demi-hectolitre, pourraient être construites d'une seule feuille, à la condition qu'elles seraient garnies intérieurement et extérieurement avec des bandes de fer feuillard maintenues par des rivets, et que le bord supérieur serait garni d'un plat-bord en fer, de douze millimètres de largeur.

Par une décision en date du 2 avril 1860, le ministre du commerce a décidé que les fabricants de boissellerie sont admis à employer le cuivre et ses alliages, de même que la tôle et le fer, pour l'armature des mesures en bois.

Il résulte, pour nous, des motifs renfermés dans la circulaire ministérielle du 2 avril, que la faculté accordée aux boisseliers de faire les armatures avec du cuivre, est restreinte aux mesures uniquement employées au mesurage des matières sèches et qu'elle doit être interdite pour celles qui servent au mesurage du sel et autres matières corrosives dont le contact avec le cuivre peut être la cause de graves accidents.

Nota. — Les agents du service des Douanes se servent de mesures dites *demi-hectolitre,* établies en forme de cône tronqué, pour arriver à la constatation du poids du sel, d'après lequel le droit est perçu ; le ministre du commerce a décidé, le 20 février 1840, que la conservation de ces ustensiles, dont la contenance sert à obtenir un poids moyen, peut être maintenue, sous la double condition de ne pas être soumis au poinçonnage et de ne pas porter la dénomination de demi-hectolitre qui ne doit figurer que sur les mesures établies suivant les prescriptions de l'ordonnance du 16 juin 1839.

Tableau N° 3.

MESURES DE CAPACITÉ POUR LES LIQUIDES.

» Les noms et la forme affectés aux mesures de capacité pour les matières sèches dans le tableau n° 2, serviront de règle pour la construction des mêmes mesures employées pour les liquides, depuis l'hectolitre jusqu'au demi-décalitre inclusivement. Elles pourront être établies en cuivre, tôle ou fonte (a), mais sous la réserve expresse de prévenir, par l'étamage ou autre procédé analogue, toute altération ou oxydation de nature à présenter des dangers dans l'usage de ces sortes de mesures.

» Les mesures du double litre et au-dessous devront être construites exclusivement en étain, et auront intérieurement la hauteur double du diamètre (a). Elles auront le poids déterminé ci-après, comme minimum obligatoire pour chacune des espèces de mesures.

| NOMS DES MESURES. | DIMENSIONS INTÉR. | | ERREURS tolérables dans la contenance. | POIDS DES MESURES au min. | | |
	hauteur.	diamètre.		sans anses ni couvercle.	avec anses sans couvercle.	avec anses et couvercle.
	millim.	millim.	gram.	gram.	gram.	gram.
Double Litre. . . .	216 7	108 4	3 0	1350	1700	2200
Litre.....	172 0	86 0	2 0	900	1100	1350
Demi-Litre.....	136 6	68 3	1 5	525	650	820
Double Décilitre..	100 6	50 3	1 0	280	335	420
Décilitre..	79 9	39 9	0 6	145	180	240
Demi-Décilitre..	63 4	34 7	0 4	85	110	140
Double Centilitre.	46 7	23 4	0 3	45	60	85
Centilitre.	37 1	18 5	0 2	25	35	50

» Le titre de l'étain employé pour la fabrication des mesures reste fixé à 83 centièmes 5 millièmes, avec une tolérance de 1 centième 5 millièmes ; ainsi, le métal dont les mesures sont fabriquées ne doit pas contenir moins de quatre-vingt-deux centièmes d'étain pur, et plus de dix-huit centièmes d'alliage (*b*).

» Ces mesures devront conserver intérieurement et sur le bord supérieur, la venue du moule ; elles devront être sans soufflures ni autres imperfections (*c*).

» Le nom propre à chaque mesure devra être inscrit sur le corps de la mesure ; le nom ou la marque du fabricant devra être apposé sur le fond (*d*).

» On pourra construire des mesures en ferblanc, depuis le double litre jusqu'au décilitre (*e*), mais ces sortes de mesures, exclusivement réservées pour le lait (*f*) devront être établies dans la forme cylindrique, ayant le diamètre égal à la hauteur, conformément à ce qui est prescrit dans le tableau n° 2, pour les mesures destinées aux matières sèches (*f*) ; elles seront garnies d'une anse ou d'un crochet également en ferblanc et porteront le nom qui leur est propre sur le cercle supérieur rabattu et servant de bordure. On aura soin de placer, pour recevoir les marques de vérification, deux gouttes d'étain aplaties, l'une au bord supérieur, l'autre à la jonction du fond de chaque mesure, qui devra porter aussi le nom ou la marque du fabricant.

(*a*) Le décret du 5 novembre 1852, permet de fabriquer des mesures en ferblanc au-dessus du double litre et même pour des liquides autres que le lait, en obligeant à n'employer que du ferblanc connu dans le commerce sous la dénomination de *cinq*, de *quatre* ou de *trois croix*, ce dernier étant le plus mince qui puisse être toléré. Ces mesures doivent être garnies, aux deux extrémités et au milieu, d'un cercle renforcé et le métal employé doit être au moins de sept dixièmes de millimètre. (Circulaire du 27 novembre 1852.) La forme réglementaire du corps de la mesure doit être celle prescrite pour les mesurés en tôle, en cuivre ou en fonte, mais il est permis d'y adapter un rebord muni d'un bec, pour faciliter le transport et le transvasement des liquides. (Décision du 18 mars 1853.) Il résulte aussi d'une décision en date du 25 mai 1856, insérée dans la circulaire n° 13, que les mesures construites en ferblanc, du double litre et au-dessous, doivent être admises aussi bien que celles d'une plus grande dimension, pour le mesurage des liquides autres que le lait, pour le mesurage, par conséquent, du vin, de l'alcool, etc., lorsqu'elles réunissent les conditions de *forme*, de solidité, de salubrité et de précision exigées par les règlements. (Se reporter aux prescriptions du tableau N° 2 et notamment aux §§ 1 et 8.

Il résulte de la lettre et de l'esprit du décret du 5 novembre et des décisions ministérielles que nous venons de citer que rien n'a été innové quant à la forme des mesures et, que lorsqu'on voudra faire usage de mesures grandes ou petites en ferblanc, pour le mesurage des liquides autres que le lait, elles devront avoir la forme prescrite par l'ordonnance du 16 juin 1839, pour les mesures en tôle, cuivre, fonte et ferblanc, c'est-à-dire, qu'elles auront un diamètre égal à la hauteur : le décret du 5 juin et la décision du 25 mai 1856, ont conservé soigneusement les conditions de formes, ils n'ont fait qu'étendre l'usage des mesures pour le lait, en permettant, ainsi qu'en 1839 cela avait eu lieu pour l'huile, de s'en servir pour mesurer tous les liquides en général.

(*b*) Le titre de l'étain tel qu'il est établi par l'ordonnance de 1839 est le même que celui qui fut fixé par l'article 4 de l'arrêté-proclamation du Directoire, en date du 11 thermidor an VII, pris en conformité de l'article 15 de la loi du 28 germinal an III. (Voir cet article et la note *b*, pages 58 et 59.) Nous allons, à ce sujet, faire quelques observations.

L'étain, on le sait, n'est pas assez malléable pour être employé seul ou à l'état de pureté, aussi, est-on obligé, pour l'utiliser, de l'allier à d'autres métaux. Le métal qu'on allie le plus ordinairement à l'étain est le plomb, dont la propriété est de le rendre plus doux et plus coulant, et quand on le fond, de le faire mieux *venir* dans le moule ; pour atteindre ce but, il suffirait d'allier à l'étain pur, trois à quatre pour cent de plomb.

Le législateur, en limitant à dix-huit pour cent la quan le plomb que l'on pourrait incorporer avec l'étain (c'est toujours du plomb dont on se sert pour faire l'alliage des mesures en étain ; les calculs ont été basés sur l'hypothèse que le plomb est seul allié à l'étain), le législateur, disons-nous, a pensé que l'introduction d'une plus grande quantité de ce métal, dans l'alliage des mesures, pourrait compromettre la santé publique, mais que la quantité déterminée par lui serait inoffensive ; telle a été, certainement, sa conviction bien arrêtée.

Lorsqu'en 1799, les savants furent consultés sur la quantité d'alliage ou, pour mieux dire, de plomb qui pourrait être allié sans danger à l'étain, la chimie, encore confondue avec l'alchimie et même avec la physique, à laquelle on l'accusait de vouloir disputer la prééminence, donna la réponse qui fut écrite dans la loi de l'an VII et, plus tard, dans l'ordonnance de 1839. Mais alors cette science marchant aveuglément sur les errements du chimiste arabe Geber, du célèbre philosophe et médecin persan Avicenne, son disciple ; de Raymond Lulle, de

Majorque, mort lapidé sur le rivage d'Afrique en voulant convertir les Arabes, et du thaumaturge Paracelse, ne s'occupait guère que de la transmutation des métaux et de la découverte des *arcanes* ou remèdes merveilleux propres à rajeunir et à guérir tous les maux de l'humanité, elle ne pouvait, on le comprend, offrir que peu ou point de garanties : alors, Lavoisier, ce grand promoteur de la chimie, venait de périr sur l'échafaud de 1793, léguant à la postérité ses *Mémoires de physique et de chimie* ; Berthollet n'avait pas encore écrit ses *Recherches sur les lois de l'affinité* ; Fourcroy méditait son *Système des connaissances chimiques*, puis enfin, n'étaient pas encore venus les Gay-Lussac, les Thénard, les Dumas, les Pelouze, les Payen qui, par leurs utiles découvertes, devaient reculer jusqu'à l'horizon, cette science qui semble n'avoir d'autres bornes que l'univers et ne devoir se reposer que lorsque la nature n'aura plus un secret à cacher dans ses entrailles.

Depuis cette époque, la science, faisant entendre sa puissante voix, a péremptoirement démontré que cet alliage peut devenir très dangereux et compromettre, par différentes causes, de la manière la plus fâcheuse la santé publique.

En effet, dans un ouvrage, dû à la plume de M. Payen, que nous avons sous les yeux, l'on voit que le plomb allié à l'étain, même dans des proportions moindres que celles établies par l'ordonnance de 1839, peut causer de graves accidents toxiques, des empoisonnements suivis de mort.

L'eau elle-même, suivant M. Payen, l'eau distillée aérée, ainsi que les eaux pluviales, exercent sur le plomb métallique une action corrosive très énergique, capable d'oxyder le métal et de répandre dans toute la masse du liquide, de l'oxyde de plomb *en moins d'une minute*. A doses égales et même très faibles, continue le même auteur, d'après Guyton de Morveau à qui l'on doit la connaissance du fait de l'action corrosive de l'eau pure, aidée du contact de l'air, sur le plomb et le *zinc*, les oxydes et les sels de plomb sont plus dangereux encore que les composés de cuivre dans les eaux et dans les autres substances alimentaires, parce qu'ils ont la funeste propriété de s'accumuler dans l'organisme ; l'intoxication se fait d'une manière lente et d'autant plus dangereuse, qu'on ne sait à quoi l'attribuer lorsqu'elle se manifeste.

Des eaux rendues gazeuses par l'acide carbonique, ajoute M. Payen, ont été altérées par suite de leur contact prolongé avec des tubes et des garnitures en plomb *ou en alliage* contenant DIX à *dix-huit* pour cent de ce métal pour quatre-vingt-dix à quatre-vingt-deux d'étain : une petite quantité d'oxyde de plomb, formé sous l'influence de l'oxygène de l'air, s'était transformée en carbonate de plomb, dissous en partie dans le liquide et en partie précipité. Ce composé vénéneux pourrait, à une certaine dose occasionner, à la longue, des accidents graves.

Le plomb se trouve, parfois, introduit dans le vin : les principales causes de l'introduction de ce métal dans le vin résident dans l'emploi des comptoirs recouverts d'alliages d'étain contenant de dix à dix-huit pour cent de plomb ; *dans l'usage des mesures légales* (litre, demi-litre, etc.) et autres ustensiles en alliages semblables.

Cet alliage si dangereux ne pourrait pas être remplacé par le zinc, l'un des métaux les plus attaquables par les acides, même les plus faibles ; deux litres de vin blanc abandonnés pendant *deux heures* dans un *seau en zinc* ont pu dissoudre deux grammes vingt-deux centigrammes d'oxyde de zinc, *suffisants pour empoisonner* plusieurs personnes.

L'eau et le vin n'ont pas seuls, le privilége d'attaquer les alliages plombifères ; le cidre, la bière possèdent également cette fâcheuse propriété, aussi, voit-on M. Payen recommander avec instance de ne pas entreposer, *même momentanément,* le cidre dans des vases en alliages plombifères ; en parlant de la bière,

il nous dit : « M. Chevallier a constaté que cette boisson, tou-
» jours légèrement acide après sa fermentation, attaque le
» plomb, et si, dans les brasseries, on faisait usage de tubes et
» de vases en plomb, elle pourrait s'en charger au point d'agir
» défavorablement sur la santé des consommateurs et même
» d'accumuler dans leurs organes, une dose de plomb telle, qu'à
» la longue, des accidents toxiques se détermineraient.

» J'ai constaté, avec M. Poinsot, ajoute M. Payen, que les
» tubes et les *vases en alliages*, contenant de *dix* à *dix-huit*
» parties de plomb, avec quatre-vingt-dix à quatre-vingt-deux
» parties d'étain, sont attaqués par la bière comme par le cidre
» et par le vin blanc. »

Nous nous bornons à ces citations dont nous pourrions augmenter le nombre, elles suffiront pour démontrer péremptoirement le danger que présente l'usage de mesures de capacité
contenant dix-huit parties de plomb pour quatre-vingt-deux d'é-
tain, puisque des vases qui n'en contiennent que dix ont pu être
la cause de graves accidents.

Pourrait-on remédier aux inconvénients que, dans l'état actuel, présentent les mesures en étain, en élevant le titre des
matières employées dans leur fabrication?

Admettons un instant que l'autorité mieux renseignée,
abaisse jusqu'à huit et même *quatre* et *trois* pour cent la proportion de plomb à introduire dans la composition de l'étain
destiné à fabriquer les mesures décimales, la vaisselle des hôpitaux, les robinets, les dessus des comptoirs des marchands
des boissons, etc., quel moyen emploiera-t-elle pour vérifier le
titre de cet alliage? Elle se servira, sans doute, de la balance
hydrostatique perfectionnée, que l'on rencontre, aujourd'hui,
dans tous les bureaux de vérification des poids et mesures, instrument propre à mesurer la densité des corps solides.

Ce moyen de vérification serait peut-être suffisant pour reconnaître, très approximativement, le titre d'un alliage dont on

connaîtrait les parties intégrantes et dans l'espèce, lorsqu'il serait uniquement composé de plomb et d'étain sans adjonction d'autres métaux tels que le zinc, l'antimoine, le bismuth, l'arsenic métallique, etc., etc. ; mais comme souvent, trop souvent, les potiers d'étain font les alliages les plus hétérogènes, qu'ils soient dangereux ou de la plus grande innocuité, en prenant la précaution, toutefois, lorsqu'ils forment ces alliages, afin d'échapper aux révélations de la balance hydrostatique, de combiner la pesanteur spécifique de ces métaux, de manière à faire donner, par cet instrument, un quotient se rapprochant du poids spécifique du métal *légal*, il est impossible de reconnaître, à l'aide d'une balance hydrostatique, la composition de l'alliage, de déterminer la quantité vraie de plomb et d'étain formant le métal. Une telle garantie serait entièrement illusoire, elle ne servirait qu'à pallier le mal sans pouvoir y remédier.

Nous venons de parler d'alliages auxquels les potiers donnent ou peuvent donner la densité de l'alliage consacré par la loi pour la confection des mesures en étain ; à l'appui de notre assertion, nous allons citer quelques exemples d'alliages que la balance hydrostatique trouverait fort bons, très légaux.

Prenant l'eau distillée pour unité, la pesanteur spécifique d'un alliage composé de quatre-vingt-deux parties d'étain et de dix-huit de plomb est 7.765.

Eh bien ! si l'on forme un alliage avec dix-sept parties de plomb, trente-quatre parties d'étain et quarante-neuf parties de zinc, la balance hydrostatique lui reconnaîtra une densité de 7.765, exactement celle du métal légal ; si l'on combine quarante-quatre parties de zinc, le zinc est aussi dangereux que le plomb, avec vingt et une parties d'étain, seize partie des plomb, onze parties d'antimoine et huit parties d'arsenic fondu, la pesanteur spécifique de cet alliage sera 7.763 ! ! !

On le voit, la balance hydrostatique, bonne pour faire reconnaître la pesanteur spécifique d'un alliage, ne pourra pas révéler le secret de sa composition et, par conséquent, ne mettra pas le vérificateur des poids et mesures dans la possibilité d'empêcher les potiers d'étain de commettre des fraudes coupables.

Que l'on ne croie pas, qu'en avançant que les potiers d'étain commettent, en formant leurs alliages, des fraudes plus ou moins coupables, nous n'ayons émis qu'une croyance où même une conviction personnelle, qui n'aurait, tout au plus, que la valeur d'une assertion basardée, non. Laissant de côté les faits nombreux dont nous pourrions appuyer notre opinion et qu'une longue expérience nous a révélés ; ne voulant pas permettre à un doute de s'asseoir un seul instant près de la maxime *nec dubia ago*, que nous avons placée en tête de ce travail, nous aurions peut-être gardé le silence si nous n'avions trouvé, dans le cours de chimie de M. Girardin, titulaire de la chaire de chimie appliquée aux arts, de la ville de Rouen, une phrase qui, tout en venant corroborer ce que nous avançons, prouve, par sa seule insertion dans cet important ouvrage, que ces sortes de fraudes sont bien plus communes, bien plus générales qu'on ne le pense ; voici comment s'exprime le savant professeur :

« Comme le plomb est bien moins cher que l'étain, les po-
» tiers *forcent*, autant qu'ils le peuvent, la proportion du pre-
» mier ; souvent même, pour donner à *l'étain de vaisselle* plus
» de dureté, ils y ajoutent un peu d'antimoine. »

L'antimoine, on le sait, est un métal d'un blanc bleuâtre, lamelleux, se rapprochant beaucoup de l'arsenic, avec lequel il est souvent mêlé ; sa densité est de 6.712.

Nous nous arrêtons : aucun commentaire ne pourrait équivaloir les citations que nous avons faites et dont les conséquences irréfutables sont : titre actuel de l'étain, dangereux ; titre modifié, dangereux ; moyens de vérification et de surveillance, insuffisants et même annihilés.

Le moyen, le seul moyen de parer aux graves inconvénients

que présente l'usage de l'alliage d'étain, consiste dans l'interdiction absolue des mesures fabriquées avec ce métal ; une décision prise dans ce sens serait reçue avec une vive reconnaissance par le public, dès lors mis à l'abri par cette prohibition des dangers sérieux qui le menacent constamment. Quant aux débitants de boissons, libres aujourd'hui, ainsi que nous l'avons vu dans la note *a* ci-dessus, de substituer des mesures en fer-blanc à celles en étain, nous ne comprendrions pas qu'ils persistassent à continuer à se servir de ces dernières, qui sont d'un entretien fort dispendieux par suite de leur fragilité, se bossuent au moindre choc et dont le prix élevé forme une dépense relativement excessive sans qu'elles aient le mérite d'offrir plus de garantie d'exactitude que les premières, qui joignent à l'avantage de coûter beaucoup moins cher, celui de ne pouvoir jamais, en aucune circonstance, compromettre la santé publique.

(c) Précaution fort sage, prise pour s'assurer que le débitant n'a pas diminué la hauteur de ses mesures. Ne pouvant les altérer qu'en en diminuant la hauteur ou en les faussant à leur surface, c'est-à-dire en les bosselant, ce genre de fraude est très facile à reconnaître.

Le règlement de 1827, beaucoup plus explicite, s'exprimait ainsi : « Indépendamment du degré d'exactitude requis, il ne » sera admis à la vérification aucune mesure qui aurait un ou » plusieurs des défauts ci-après indiqués : 1°... 2°... 3°... » 4° Si à sa surface supérieure, y compris le bord supérieur, » on avait altéré la *venue du moule*, c'est-à-dire le *mat* qu'on » voit constamment à la surface de tous les objets fondus, » lorsqu'on n'y a appliqué aucune espèce d'outil ; 5° Si elle » avait des bosses ou autres imperfections remarquables. »

(d) Des fabricants ayant présenté, à la vérification première, des mesures *sans anses*, ont, après le poinçonnage, adapté à ces mesures des anses confectionnées en matière inférieure dite *claire*. Pour mettre un terme à cet abus qui, tout en portant atteinte à la garantie publique, causait un véritable dommage aux fabricants de bonne foi, le ministre de l'agriculture et du commerce a décidé, le 4 juin 1834 : que le poinçon de la vérification première serait appliqué sur les mesures neuves, présentées à la vérification *établies prêtes à livrer* : 1° pour les mesures *sans anses* à côté de la marque du fabricant ; 2° pour les mesures *avec anses*, sur le corps de la mesure ainsi que sur la face antérieure de l'anse ; 3° pour les mesures *avec anses et couvercles*, sur le corps de la mesure, sur la face antérieure de l'anse et sur le couvercle.

(*e*) Aux termes du décret du 5 novembre 1852, les mesures décimales de capacité au-dessus du double litre, pour le mesurage des liquides, peuvent être construites en ferblanc. — Voir la note *a* ci-dessus.

(*f*) Ces mesures en ferblanc, construites suivant ces prescriptions, pouvaient, en exécution d'une décision ministérielle survenue le 30 août 1839, être, par exception, consacrées au mesurage de l'huile ; aujourd'hui, elles peuvent servir au mesurage de tous les liquides.

Tᴀʙʟᴇᴀᴜ N° 4.

POIDS EN FER.

» Les poids devront être construits en fonte de fer ; leurs noms, la dénomination abréviative qui devra être inscrite sur la face supérieure de chacun d'eux, ainsi que leurs principales dimensions et les erreurs tolérables dans leur justesse, sont indiqués dans le tableau ci-après.

NOMS DES POIDS.	Abréviations à mettre sur la face supérieure.	Erreur tolérable.	Hauteur ou épaisseur.	Base longueur.	Base largeur.	Face supér. longueur.	Face supér. largeur.	Anneau diamètre intérieur.	Anneau épaisseur du fer.
		gram.	millim	millim	millim	millim	millim	millim	millim
50 kilogrammes (1)	50 kilog.	20 0	136	318	210	288	181	86	20
20 kilogrammes (1)	20 kilog.	10 0	100	245	157	221	133	65	11
				Rayon ou côté de l'hexagone — Base.		Face supér.			
10 kilogrammes (1)	10 kilog.	6 0	82	89		82		63	10
5 kilogrammes (1)	5 kilog.	4 0	66	72		66		55	8
Double kilogramme	2 kilog.	2 0	48	53		48		39	6
Kilogramme	1 kilog.	1 0	39	42		39		31	5
Demi-kilogramme	demi kilog. / 5 hectog	0 5	34	34		31		24	4
Double hectogramme	2 hectog	0 3	23	26		23		18	3
Hectogramme	1 hectog	0 2	18	20		18		15	2 5
Demi-hectogramme	demi hectog	0 1	14	15 5		14		12	2

(1) Sous l'ancienne législation, ces poids se nommaient : cinq myriagrammes, double myriagramme, myriagramme et demi-myriagramme.

» Les poids en fer de cinquante et de vingt kilogrammes devront être établis en forme de pyramide tronquée, arrondie sur les angles, et ayant pour base un parallélogramme (*a*).

» Les autres poids en fer, depuis celui de dix kilogrammes jusqu'au demi-hectogramme inclusivement, devront être en forme de pyramide tronquée, ayant pour base un hexagone régulier (*a*).

» Les anneaux dont les poids sont garnis devront être placés de manière à ne pas dépasser l'arête des poids (*b*).

» Chaque anneau devra être en fer forgé, rond et soudé à chaud.

» Chaque anneau, attaché par un lacet, devra entrer, sans difficulté, dans la rainure pratiquée sur le poids pour le recevoir (*b*).

» Chaque lacet devra être en fer forgé, et construit solidement, tant au sommet qui embrasse l'anneau qu'aux extrémités de ses branches, lesquelles doivent être rabattues et enroulées par dessous, pour retenir le plomb nécessaire à l'ajustage.

» Les poids en fer ne doivent présenter à leur surface ni bavures, ni soufflures, et la fonte ne doit être ni aigre ni cassante.

» Chaque poids doit être garni, aux extrémités du lacet, d'une quantité suffisante de plomb coulé d'un seul jet, destiné à recevoir les empreintes des poinçons de vérification première et périodique, ainsi que la marque du fabricant qui doit y être apposée (c).

(a) La forme des poids en fer et en cuivre n'est plus facultative, par suite de l'abrogation de l'arrêté du 7 floréal an VIII ; l'usage des poids spéciaux pour les balances-bascules a été fâcheusement interdit.

(b) Les anneaux doivent entrer librement dans une rainure destinée à les recevoir ; ils doivent, en outre, être soudés à chaud et non brasés ou rapprochés seulement.

(c) La cavité inférieure des poids destinée à recevoir l'extrémité du lacet et le plomb a, dans les poids de 50 et de 20 kilogrammes, la forme d'une pyramide quadrangulaire ayant pour base un parallélogramme et dans les autres, la forme d'une pyramide ayant pour base un carré.

La forme donnée à la cavité des poids, les prescriptions sur le plomb qui les scelle et dont la quantité et l'étendue en surface est très variable, sont loin d'offrir de véritables et constantes garanties. Les poids peuvent être, en effet, facilement faussés au moyen du retrait d'une partie du plomb effectué sur un des côtés, sans que la marque des poinçons ait éprouvé aucune mutilation.

Ce grave inconvénient résultant du système de rajustage des poids et de leur mode de construction, a frappé un esprit ingénieux, M. Dosse, de Paris. Dans le système dont il est l'inventeur, M. Dosse fait disparaître le plus grand nombre des imperfections qu'offre la forme actuelle des poids en fer. Les poids du système Dosse sont d'un seul jet de fonte et creux à l'intérieur ; l'anneau n'est plus retenu par un lacet à branches, mais par une tige en fer traversant le poids par son axe : cette tige est carrée à sa partie supérieure et maintenue, à sa partie inférieure, dans une cavité pratiquée à cet effet, par un écrou à vis, rivé et scellé avec de l'étain allié de plomb. Ce scellement reçoit la marque de la vérification primitive et celle du fabricant.

Quant à la marque de la vérification périodique, on l'appose sur une goupille remplissant un trou pratiqué à la partie supérieure qu'entoure l'anneau et qui communique au creux de l'intérieur dont la destination est de recevoir la quantité de plomb nécessaire pour ramener le poids, quand il en sera besoin, à sa pesanteur légale. Le rajustage s'opère par la goupille supérieure dont on peut varier le poids ; le poinçon primitif reste toujours intact.

Cette forme est excellente, surtout, en ce qu'il est impossible de fausser un poids sans qu'il reste une marque apparente du délit, par suite de la disparition d'un des poinçons ; elle remédie, en outre, à l'inconvénient de l'accumulation des lettres annuelles sur le plomb des poids, lettres dont le retour, beaucoup trop rapproché, permet à un assujéti de conserver un vieux poids sans l'avoir fait vérifier. (La lettre K, poinçon de 1863 a été appliquée en 1850.)

Cette innovation, sur laquelle nous reviendrons en parlant des poids en cuivre, a été approuvée le 15 juillet 1862, par Son Excellence M. le ministre de l'agriculture, du commerce et des travaux publics, ainsi que cela résulte de la circulaire adressée le même jour, sous le n° 12, aux préfets des départements.

Le système de poids Dosse a été l'objet d'un brevet, mais, bientôt, comprenant que la conservation de ce privilége serait un obstacle à la propagation de son heureuse innovation, cet inventeur, sacrifiant son intérêt privé à l'intérêt général, a généreusement renoncé *au bénéfice de son brevet.*

A ce sujet, M. Dosse, que nous n'avons pas l'honneur de connaître personnellement, nous a écrit, le 28 mars 1863, la lettre suivante :

« J'ai appris par M. C. de Marseille, que vous êtes favorable

» au nouveau système de rajustage de poids en cuivre comme
» à la construction des nouveaux poids en fer.

  » Je vous annonce que *j'ai abandonné tout droit de brevet* et
» qu'ainsi, le système est tombé dans le domaine public. J'ai
» eu pour but d'introduire un mode uniforme de rajustage dont
» les résultats ont dépassé mes espérances, en ce que ce sys-
» tème s'applique facilement aux poids en cuivre déjà existants.
» Il est rendu obligatoire dans tout le département de la
» Seine. . . . . Les nouveaux poids offrant plus de
» garanties de solidité que les anciens, ils sont préférés par les
» assujétis, et le ministre du commerce m'écrit qu'il va recom-
» mander à tous les vérificateurs d'user de leur influence, pour
» en généraliser l'usage dans leur circonscription. »

Il serait à désirer qu'un décret rende obligatoire l'usage des poids Dosse, en les substituant
à ceux décrits dans le tableau N° 4. Leur emploi
serait surtout très précieux pour les balances-
bascules pour lesquelles il est urgent d'admettre
des poids d'une construction moins facilement al-
térable que celle existante.

TABLEAU N° 5.

POIDS EN CUIVRE.

» Les poids en cuivre, les dénominations qui
leur sont affectées, les erreurs dans leur exactitude
qui peuvent être tolérées, ainsi que les dimensions
qu'ils doivent avoir sont indiquées dans le tableau
suivant.

NOMS DES POIDS.	DÉNOMINATIONS à appliquer sur la surface supérieure.	ERREURS tolérables.	HAUTEUR et diamètre du cylindre.	HAUTEUR du bouton.	HAUTEUR totale du poids.	DIAMÈTRE du bouton.	DIAMÈTRE de la base du bouton	ÉPAISSEUR au minim. du cylind. des poids creux.
		centigr.	millim.	millim.	millim.	millim.	millim.	millim.
20 kilogrammes.........	20 kilogrammes..	150 0	142	71	243	80	96	8
10 kilogrammes	10 kilogrammes..	80 0	114	57	171	60	76	7
5 kilogrammes.........	5 kilogrammes..	50 0	90	45	135	46	60	6
Double kilogramme.....	2 kilogrammes..	25 0	66	33	99	34	42	5
Kilogramme	1 kilogramme...	15 0	52	26	78	27	32 •	4
Demi-kilogramme......	500 grammes....	10 0	42	21	63	22	27	3 5
Double hectogramme....	200 grammes....	5 0	32	16	48	16	20	3
Hectogramme..........	100 grammes	3 0	25	12 5	37 5	12	15	
Demi-hectogramme.....	50 grammes....	2 5	20	10	30	9	11	
Double décagramme....	20 gram.......	2 0	14	7	21	6	8	
Décagramme..........	10 gram.......	1 5	11	5 5	16 5	5	6	
Demi-décagramme......	5 gram.......	1 0	9	4 5	13 5	4	5	

Sous-colonnes de « HAUTEUR et diamètre du cylindre » : **diam.** | **haut.**

NOMS DES POIDS.	DÉNOMINATIONS à appliquer sur la surface supérieure.	ERREURS tolérables.	diam.	haut.	HAUTEUR du bouton.	HAUTEUR totale du poids.	DIAMÈTRE du bouton.	DIAMÈTRE de la base du bouton
Double gramme........	2 gram.......	0 4	8	4	4	8	3 5	4 5
Gramme..............	1 gram.......	0 2	7	2 5	3 5	6	3	4

NOMS DES POIDS.	DÉNOMINATIONS à appliquer sur la surface supérieure.	Côté du carré en millimètres
Demi-gramme.........	5 décig.......	15 0
Double décigramme.....	2 décig.......	12 0
Décigramme..........	1 décig	10 0
Demi-décigramme......	5 C. G........	9 0
Double centigramme....	2 C. G........	7 0
Centigramme.........	1 C. G........	6 0
Demi-centigramme.....	5 M. G........	5 0
Double milligramme....	2 M.	4 0
Milligramme..........	1 M.	3 3

DIMENSIONS EN MILLIMÈTRES affectées aux boîtes des poids à godets coniques.

Boîtes des poids de	diamètre supérieur du cône.	diamètre inférieur du cône.	épaisseur du couvercle.	épaisseur du fond.	hauteur de la boîte fermée.
1 kilogr....	67	44 5	3 5	10 0	53 5
1/2 kilogr	56	33 0	2 5	2 5	12 5
1 hectogr..	43	28 5	2 0	4 5	24 6
1 hectogr..	34	22 0	2 0	2 0	20 5

» La forme des poids en cuivre, depuis et compris celui de vingt kilogrammes jusqu'au gramme, sera celle d'un cylindre surmonté d'un bouton ; la hauteur sera égale à son diamètre, pour tous les poids, jusqu'à celui de cinq grammes, inclusivement ; la hauteur de chaque bouton sera égale à la moitié du diamètre du cylindre qui le supporte. Ces dispositions ne seront pas applicables aux poids de un et de deux grammes, qui auront le diamètre plus fort que la hauteur.

» Les poids, depuis et compris le cinq décigrammes jusqu'au milligramme, se feront avec des lames de laiton mince, coupées carrément.

» Les poids en cuivre cylindriques et à bouton pourront être massifs, ou contenir dans leur intérieur une certaine quantité de plomb, mais ils devront toujours présenter le même volume ; ces poids peuvent être faits d'un seul jet, ou formés de deux pièces seulement, savoir : le cylindre et le bouton ; mais, dans ce dernier cas, le bouton devra être monté à vis sur le corps du poids et fixé invariablement par une cheville ou petite vis, à fleur de la surface. Cette cheville sera en cuivre rouge, afin de la distinguer facilement (a).

» On pourra aussi construire des poids en cuivre d'un kilogramme ou d'un de ses sous-multiples (b), dans la forme de godets coniques, qui s'empilent les uns dans les autres et se trouvent ainsi renfermés dans une boîte qui est elle-même un poids légal (c).

» La surface des poids en cuivre devra être nette et ne laisser apercevoir aucun corps étranger qu'on aurait chassé dans le cuivre, ni aucune soufflure qui permettrait d'en introduire.

» Les dénominations seront inscrites en creux et en caractères lisibles sur la surface supérieure des poids ; chaque poids devra porter le nom ou la marque du fabricant.

(a) Il est facultatif au fabricant de faire ces poids, massifs ou creux, à son gré, depuis celui de vingt kilogrammes jusques et y compris celui de deux hectogrammes. La série des poids creux, dit l'instruction n° 8, du 19 décembre 1839, ne peut descendre au-dessous du poids de deux cents grammes ; ceux à partir de cent grammes seront massifs.

Les dimensions des poids, qu'ils soient massifs ou qu'ils soient creux, doivent toujours être celles qui sont indiquées dans le tableau ; néanmoins, si le fabricant, par suite des diffé-rences qu'il pourra rencontrer entre les pesanteurs spécifiques des cuivres, se trouvait dans la nécessité d'enfreindre cette règle, il devra le faire en variant légèrement la force du bouton, augmentant ou diminuant la grosseur de ce dernier, dont la hauteur doit, immuablement, rester égale à la moitié du diamètre du cylindre.

Les poids remplis de plomb doivent avoir une épaisseur suffisante pour résister aux chocs qu'ils éprouvent journellement ; cette épaisseur, qui est arbitraire, ne peut cependant descendre au-dessous d'un certain *minimum*, ainsi qu'on le voit dans la dernière colonne du tableau ; elle a paru suffisante pour protéger l'intégrité de ces instruments. Cette prescription d'un intérêt réel pour le commerçant qui fait usage de poids en cuivre, n'est guère exécutée par les fabricants. Ces derniers, enserrés dans les exigences de la concurrence, forcés de produire vite, beaucoup et à bas prix, s'ingénient, à qui mieux mieux, pour fabriquer des poids ayant l'apparence de poids en cuivre offrant toutes les garanties possibles de justesse, de *solidité* et, par conséquent, de durée, mais qui ne sont en réalité, que des blocs de plomb recouverts d'une feuille de laiton. Le mode d'ajustage des poids, qui consiste à les remplir, en tout ou en partie, suivant la pesanteur de l'enveloppe, de plomb fondu ; l'obligation imposée au fabricant d'arrêter invariablement, avant de présenter le poids à la vérification, le bouton sur le cylindre à l'aide d'une cheville ou vis en cuivre rouge, bien rivée à fleur de surface, de façon à pouvoir y appliquer l'empreinte du poinçon, mettent le vérificateur dans l'impossibilité de s'assurer si l'épaisseur du cuivre, formant le corps du poids est bien réellement celle prescrite par le règlement.

Nous pensons, que dans l'intérêt des commerçants que souvent l'on trompe indignement en leur vendant comme étant en cuivre, des poids de plomb, il serait d'une bonne économie d'interdire la fabrication des poids creux qui, en dehors des inconvénients que nous venons d'exposer, ont ceux de pouvoir être rendus faux au moyen du retrait d'une partie du plomb placé dans l'intérieur du cylindre, enlèvement facile à effectuer sans laisser aucune trace apparente, puisque la goupille qui aura été enlevée pour commettre la fraude, aura pu être remise en place sans que l'œil le plus exercé puisse apercevoir, sur elle ou sur le poids, la moindre marque accusatrice.

En traitant des poids en fer, nous avons parlé du système de rajustage de M. Dosse, applicable à ces derniers. Ce système est particulièrement précieux pour les poids en cuivre dont il assure la conservation.

Le système Dosse, en ce qui concerne les poids en cuivre, a pour résultat, de remédier à l'inconvénient de l'accumulation des lettres annuelles sur la face supérieure des poids, par suite

des vérifications successives, accumulation qui, souvent est telle,
qu'il est difficile de trouver la marque de l'année, quand, toutefois, elle n'a pas pour effet, de causer des erreurs par suite du
grave inconvénient qui résulte du retour trop fréquent du même
poinçon annuel, retour si rapproché, qu'en cette année, nous
avons trouvé que plus d'un tiers des poids sont poinçonnés à
l'avance, non-seulement de la lettre de 1863, mais encore, de
celle de 1864 et 1865, ce qui permet à certains industriels de
soustraire à la vérification, leurs instruments ainsi marqués à
l'avance.

Ce système de rajustage a encore pour avantage, de conserver intact le poinçon de vérification première lorsqu'on procède
au rajustage. Le moyen consiste dans une goupille en plomb ou
en étain qui remplit un trou cylindrique perforé avec cannelu-
res, sur la partie plane supérieure du poids, en face du poinçon
primitif.

Lorsqu'il y a lieu de rajuster le poids, on chasse la goupille
avec un poincon si le poids est creux ou on la perfore avec un
archet muni d'un foret si le poids est massif, puis on rend au
poids sa justesse, par une addition de matière métallique à l'intérieur si le poids est creux, en faisant la goupille plus longue et
plus forte si le poids est massif ; dans l'un comme dans l'autre
cas, la goupille, après avoir été *affleurée*, reçoit le poinçon de
la marque annuelle et, successivement, les autres poinçonnages
périodiques, au moyen desquels la lettre précédente se trouve
remplacée par celle de l'année.

Ainsi, grâce à l'introduction du système Dosse, il n'y aura
plus, sur les poids en cuivre, cette confusion de lettres qui les
dépare et fait le désespoir des officiers de police chargés d'exercer une surveillance sur ces instruments ; en outre, énorme
avantage qui n'a pas échappé à l'œil clairvoyant de l'administration supérieure, les poids en cuivre massifs qui, jusqu'à ce jour,
étaient irrévocablement mis hors de service, lorsque, par l'u-

sage, leur pesanteur était descendue au-dessous de la quotité légale, pourront, à l'avenir, être rajustés aussi bien que les poids creux.

Nous l'avons déjà dit, en parlant des poids en fer, nous ne craignons pas de le répéter, il est à désirer qu'un décret, faisant pour toute la France, ce qu'un arrêté du Préfet de police a déjà fait pour Paris, rende obligatoire le système de poinçonnage et de rajustage des poids en cuivre, ainsi qu'il vient d'être décrit ; une décision dans ce sens, serait reçue avec reconnaissance par la partie honnête du commerce, ainsi que par le public.

(*b*) Cette prescription est absolue et, d'après l'instruction n° 8, on ne peut construire d'autres poids à godets coniques, que ceux représentant 1 kilogramme, 500 grammes, 200 grammes et 100 grammes.

(*c*) Le poids à godets coniques se compose d'une boîte représentant, à elle seule, la moitié du poids total ; et des sous-multiples dont le poids total est égal à celui de la boîte. Les poids sous-multiples à godets coniques, s'empilent les uns dans les autres et se trouvent ainsi, enfermés dans la boîte ; ceux des poids de même valeur qui doivent exister en double dans chaque série décimale, sont semblables dans toutes leurs dimensions ; la surface des poids réunis en pile doit être plane, sans vide apparent et ne présenter qu'un seul poids de chaque espèce.

TABLEAU N° 6.

INSTRUMENTS DE PESAGE.

» Les instruments de pesage sont :

1° Les Balances à bras égaux (*a*) ;
2° Les Balances-Bascules (*a*) ;
3° Les Romaines (*a*).

» Les balances à bras égaux, désignées sous le nom de balances de magasin ou de comptoir, devront être solidement établies. Les fléaux devront être plus larges qu'épais, principalement au centre occupé par les couteaux ou pivots qui les traversent perpendiculairement, et dont les arètes devront former une ligne droite. Les points extrêmes de suspension devront être placés à égale distance de ces couteaux. Les fléaux ne devront pas vaciller dans les chapes. Les balances devront être oscillantes ; leur sensibilité demeure fixée à un deux-millième du poids d'une portée (b).

» Les balances-bascules devront être oscillantes et établies de manière à donner, quel que soit le poids dont on charge le tablier, un rapport de un à dix. Ces instruments dont la portée ne peut être moindre que cent kilogrammes, devront être solidement construits (c). Il ne pourra être employé à leur usage que des poids fabriqués suivant les formes et dénominations prescrites dans le tableau Nº 4 (d). L'indication de la force de chaque balance-bascule sera exprimée en kilogrammes, sur une plaque de cuivre incrustée dans le montant en bois (e). La sensibilité pour ces sortes d'instruments demeure fixée à un millième du poids d'une portée.

» Les romaines devront être solidement construites. Les couteaux auxquels elles sont suspendues devront avoir une arète assez fine pour faciliter les mouvements du fléau ; les leviers devront être assez forts pour ne pas fléchir sous le poids curseur qui les accompagne. L'aiguille dont chaque levier est traversé par le haut ne devra pas porter sur la chape.

» Les romaines devront être oscillantes ; Toute autre espèce est prohibée. La sensibilité pour ces instruments demeure fixée à un cinq-centième du poids d'une portée (*f*).

» Les romaines porteront seulement les divisions décimales représentant les poids légaux. Toute autre division est interdite. Leur portée sera exprimée en kilogrammes sur chacune des faces divisées.

» Tout instrument de pesage (*g*) devra porter le nom ou la marque du fabricant.

(*a*) Les seuls instruments de pesage dont l'usage est légalement autorisé par l'ordonnance du 16 juin 1839, rendue en vertu de l'article 8 de la loi du 4 juillet 1837, sont donc : la balance à bras égaux ; la balance-bascule du RAPPORT de UN à DIX et la romaine oscillante. Cette prescription est de droit absolu et ne peut être modifiée que par un décret rendu dans la forme d'un règlement d'administration publique.

(*b*) La balance à bras égaux (de deux mots latins : *bis* deux et *lanx* plateau), que tout le monde connait, se compose d'un fléau ou levier partagé en deux parties ou bras égaux qui oscille sur une colonne ou dans une chape ou châsse. Le point de partage où l'on place l'axe du fléau qui prend le nom de couteau ou pivot, est en même temps, le point d'appui. Des bassins ou plateaux sont suspendus à l'extrémité des deux bras du fléau et servent à recevoir les objets à peser ainsi que les poids.

La balance à bras égaux est le seul instrument dont on doit se servir pour obtenir une pesée exacte ; tous les autres instruments, aux formes plus ou moins bizares et aux noms pompeux que depuis quelques années on a essayé de lui substituer, n'offriront jamais les mêmes garanties de justesse et de durée.

Les conditions de bonne fabrication imposées par l'ordonnance de 1839 sont, on le voit, indiquées d'une manière très générale ; l'arrêté du 26 décembre 1851 sur les poids et mesures en Algérie, descendant dans plus de détails, a posé les règles qui suivent :

« Art. 8. — Les balances ne seront reconnues régulières et
» admises au poinçonnage annuel, qu'autant qu'elles réuniront
» les conditions suivantes :

» 1° Les fléaux, bien et solidement construits, auront la sen-
» sibilité prescrite, leurs couteaux et coussinets seront en acier
» trempé ;

» 2° Les chaînes ou cordons de suspension seront d'une
» égale longueur entr'eux, de manière que la surface des pla-
» teaux soit parfaitement de niveau.

» 3° Les plateaux d'une balance seront toujours d'une égale
» pesanteur et ajustés, exclusivement, soit par réduction, soit
» par addition de corps solides, soudés, cloués ou rivés contre
» le plateau ; il ne pourra être ajouté aucun objet mobile ni aux
» chaînes ou cordons, ni dans les plateaux ;

» 4° Les plateaux destinés à la vente de denrées plus ou
» moins humides, telles que le sel, le beurre, la viande, le pois-
» son, etc., ne pourront, sous aucun prétexte, être en bois, ni
» suspendus avec des cordes.

» Art. 9. — Il est défendu à tous marchands qui revendent,
» soit à domicile, soit dans les halles, foires ou marchés, de
» peser avec des balances tenues à la main. Il leur est enjoint

» de les avoir fixées ou suspendues au-dessus du comptoir ou
» étal, à la hauteur déterminée par l'article 29 de l'arrêté du
» 22 mai 1846 et sans addition d'aucun corps sous les pla-
» teaux [1]. (Balance de magasin, 12 centimètres au-dessus
» du sol ; balance de comptoir pour les pesées ordinaires, 4 cen-
» timètres au-dessus de la table du comptoir ; balances pour
» les pesées moyennes, 2 centimètres ; balances pour les plus
» petites pesées, 1 centimètre [2]. »

(c) La balance-bascule est autorisée, exclusivement, dans le
commerce en gros.

L'ordonnance du 18 décembre 1825 avait autorisé la fabrication de balances-bascules d'une portée de cinquante à cent kilogrammes inclusivement ; l'ordonnance de 1839 a condamné
ces sortes d'instruments en établissant le minimum de la portée
à cent kilogrammes. Dans le principe, le système de leviers et
de couteaux portant le tablier de la bascule inventée par Quin-
tenz, avait la forme d'un triangle isocèle ; son tablier ayant la
même forme et, plus tard, celle d'un trapèze ou d'un carré, re-
posait sur *trois points d'appui* ; cette forme donnée au mécanisme et au tablier présentait quelques inconvénients qui, depuis, ont disparu, grâce aux recherches d'habiles mécaniciens
tels que les Béranger, les Falcot, de Lyon ; les Bidault et les
Camut fils, de Paris, lesquels font reposer, aujourd'hui,

---

[1] La surface inférieure de chacun des plateaux devant toujours être
à égale distance du sol ou de la table du comptoir.

[2] La balance de magasin est celle dont le fléau n'a pas moins de 126
centimètres de longueur ; les plus fortes balances de comptoir sont
celles dont le fléau n'a pas moins de 60 centimètres de longueur ; les
moyennes balances n'ont pas moins de 30 centimètres ; les plus petites
sont celles dont le fléau a moins de 25 centimètres de longueur.

L'ordonnance du 18 décembre 1825 considérait comme balances de
magasin celles dont le fléau avait plus de 65 centimètres de longueur,
et comme balances de comptoir celles de la plus petite dimension,
jusqu'à 65 centimètres.

le tablier, de forme carrée, sur *quatre points d'appui*, ce qui l'empêche de vaciller, de pencher sous le poids de la charge, lorsque cette dernière n'est pas placée parfaitement d'aplomb et au milieu et permet ainsi d'obtenir des données complètement exactes, sans trop se préoccuper de la position qu'occupe, sur le tablier, l'objet à peser. La balance-bascule sur quatre points d'appui offre des garanties sérieuses de justesse.

Extérieurement, la balance-bascule du rapport de un à dix, la seule dont l'usage soit nommément autorisé par l'ordonnance de 1839, se compose : d'une caisse en bois surmontée d'un tablier sur lequel se place la charge à peser ; d'un montant aussi en bois qui supporte le fléau à bras inégaux, dont le petit bras communique aux leviers qui supportent le tablier et le grand bras, à un plateau sur lequel on place les poids. Toutes les pièces en bois de la bascule doivent être en chêne, afin que l'instrument présente une plus grande solidité. Comme conditions essentielles dans sa construction, cette balance doit avoir les couteaux régulièrement placés ; avoir toutes les pièces qui la composent solidement établies ; les couteaux et les coussinets seront en acier fondu et trempé (des couteaux et des coussinets trempés au paquet ou au prussiate, ne doivent pas être employés, les fabricants qui en feraient usage tromperaient la confiance); le jeu de toutes les pièces doit être libre ; enfin, la pesée doit toujours être le décuple des poids placés sur le plateau.

En dehors de la balance-bascule du rapport de un à dix, d'autres instruments, nommés bascules-romaines, ayant extérieurement, à peu près la même forme, dont le mécanisme est beaucoup plus compliqué et auxquels on a ajouté une romaine, ont été autorisés à différentes époques par des décisions ministérielles.

Dans ces sortes d'instruments, la pesée est indiquée soit au moyen d'un poids curseur qui glisse sur la romaine, soit par des poids que l'on place sur un plateau situé à l'extrémité du grand bras de la romaine. Le rapport entre la charge mise sur le tablier et le poids placé sur le plateau est de un à cent.

« Pour se servir avec avantage d'un tel instrument, dit » M. Ravon, il faut qu'il soit fait avec une grande précision, et » pouvoir bien se rendre compte de ses pesées ; car, une *petite* » erreur dans sa justesse peut donner une *grande* différence du » poids réel de l'objet placé sur le tablier. »

Ces sortes d'instruments sont loin d'offrir les mêmes garanties de justesse que la balance-bascule, particulièrement ceux dont le support de la romaine ou du fléau s'élève ou s'abaisse au moyen d'un levier, lesquels donnent, le plus souvent, des résultats très différents, suivant qu'on aura levé le support avec lenteur ou avec vivacité ; il en est de même de ceux dont les couteaux reposent sur des coussinets plats, ce qui permet, lorsque l'instrument fonctionne, de faire, avec une force très minime, glisser le tablier sur les couteaux et, par conséquent, fausser la pesée ; d'ailleurs, l'effet seul de la dilatation des deux bras très inégaux de la romaine, peut suffire pour en déranger la justesse.

(*d*) Lorsque la balance-bascule du rapport de un à dix, fut autorisée, le 28 janvier 1824, par le ministre de l'intérieur, une des conditions de l'autorisation fut que l'on consacrerait à son usage des poids spéciaux portant, tout à la fois, en caractères lisibles, l'indication de leur valeur réelle et celle de leur valeur représentative ; en abolissant cette prescription, le législateur a ouvert la porte à quelques abus. Sous l'empire de la nouvelle, comme sous celui de l'ancienne législation, les poids consacrés aux bascules sont vérifiés avec la plus minutieuse exactitude et on ne leur accorde aucune tolérance ; mais, comme aujourd'hui rien ne distingue les poids destinés aux bascules de ceux consacrés aux balances à bras égaux, quelques marchands à la conscience peu timorée ne craignent pas, lorsqu'ils font des réceptions de marchandises ou des achats de denrées, d'employer des poids poinçonnés avec la *tolérance*. S'ils se servent de balances-bascules, le bénéfice est positif, mais s'ils se servent de romaines-bascules, ce qui, le plus souvent, a lieu, le profit est encore plus clair. Peut-être serait-il sage de revenir aux poids spéciaux imposés par la législation de 1825.

(*e*) Ce mode de poinçonnage sur des plaques en cuivre ayant donné lieu à des abus, le ministre a décidé, le 22 mai 1855, qu'à l'avenir, le poinçonnage des bascules serait effectué sur le bras du fléau ou de la romaine; c'est ce qui a lieu aujourd'hui.

(*f*) La romaine est un instrument qui fait, à la fois, fonction de balance et de poids ; elle est composée d'une verge en fer, divisée en deux bras très inégaux, de deux ou trois chapes placées sur le petit bras, suivant qu'elle a un ou deux points de suspension, un seul côté gradué ou un côté fort et un côté faible. Le poids se trouve à l'aide d'un poids curseur que l'on fait glisser sur le côté du grand bras qui se trouve gradué, jusqu'à ce qu'il fasse équilibre avec l'objet mis de l'autre côté.

La romaine dont, dès 1802, le gouvernement cherchait à interdire l'usage, et qui n'est, aussi bien que la bascule, qu'un instrument *toléré*, offre beaucoup de commodités, par suite de la facilité que l'on a de la transporter ; mais, par contre, elle offre beaucoup moins d'exactitude que la balance. Elle peut éprouver de grandes variations dans sa justesse, par l'effet de la dilatation des bras très inégaux de la verge ou fléau ; ce même inconvénient peut se produire par des frottements dans la chape, par certains modes de construction adoptés pour les coussinets sur lesquels portent les couteaux et par beaucoup d'autres causes qu'il est inutile d'énumérer. Au surplus, cet instrument, par la facilité avec laquelle il se prête à des manœuvres ou procédés frauduleux, est considéré comme pouvant, aussi bien que la bascule-romaine, favoriser la tromperie au plus haut point ; de plus, considéré comme légalement bon si sa sensibilité est d'un cinq-centième de sa portée, il est encore, aux termes des instructions ministérielles, considéré comme légalement juste et, par conséquent, admis au poinçonnage, si, pour établir l'équilibre, l'on n'est obligé d'ajouter, à l'objet pesé, que le cinq-centième de son poids. Ainsi, l'exactitude de la pesée est à un cinq-centième près.

Autrefois, on pouvait se servir de romaines ayant la même forme, mais qui n'étaient pas oscillantes, c'est-à-dire, chez lesquelles l'équilibre n'existait jamais. Il suffisait, lorsque l'objet à peser était placé sur le crochet, de faire courir le poids curseur sur le grand bras et d'imprimer, à ce dernier, un léger mouvement, pour qu'aussitôtil se levât ou s'abaissât à volonté, sans qu'il pût se relever, en un mot, prendre la positionh orizontale, de telle sorte, que l'on pouvait, à son gré, donner une pesanteur différente au même objet, placé dans les mêmes conditions, avec le poids curseur placé sur la même division. Cet instrument est prohibé aussi bien que le peson que, parfois, mais à tort, l'on confond avec la romaine. L'effet du peson ne rentre pas dans le mode d'action du levier ; il n'indique la pesanteur du corps que l'on soumet à son épreuve que par le degré de flexion que le poids fait éprouver à un ressort.

(*g*) Précédemment, la marque du fabricant n'était obligatoire que pour les poids et mesures dans lesquels les instruments de pesage n'étaient, alors, génériquement pas compris ; mais, aujourd'hui, tout poids, toute mesure, tout instrument de pesage, quelle que soit sa forme, tout objet enfin, employé à rechercher la mesure ou la pesanteur d'une chose quelconque, doit porter le nom ou la marque du fabricant.

Observation générale. — Les balances-bascules et les romaines assujéties à la vérification primitive par l'article 24 de l'ordonnance du 18 décembre

1825 ne *furent soumises à la vérification périodique*
qu'à partir du 1er janvier 1834, par l'article 8 de
l'ordonnance du 21 décembre 1832. En transmettant aux préfets cette ordonnance, le ministre de
l'intérieur adressa à ces magistrats, le 14 octobre
1833, quelques prescriptions qui n'ont pas été rap-
portées, qui ont, par conséquent, conservé toute
leur force, et que nous rappelons, parce que l'emploi généralisé des bascules leur donne une valeur d'actualité. Aujourd'hui, il n'est pas, pour
ainsi dire, une bourgade, un village qui n'ait ses
romaines et ses bascules que le défaut de poids
étalons empêche le vérificateur de contrôler sérieusement.

« En vous transmettant cette ordonnance (du 21 décembre
» 1832), la circulaire du 28 décembre prit soin de vous faire
» remarquer que cette vérification importante et annuelle exi-
» geait *un approvisionnement de poids* suffisant pour éprouver
» ces instruments ; que ces poids n'existaient pas dans le né-
» cessaire du vérificateur ; qu'on ne saurait les lui fournir et le
» GREVER DES FRAIS DE LEUR TRANSPORT, et qu'ainsi, il était *in-*
» *dispensable* de les trouver dans les communes où il allait
» opérer. Je ne doute pas que vous n'y ayez tenu la main, d'au-
» tant que la dépense est peu considérable, et que ce n'est là
» qu'une faible partie de l'obligation qu'impose, aux communes,
» la loi du 1er août 1793, rappelée par l'article 6 de l'ordon-
» nance du 18 décembre 1825.

» Pour vérifier les balances, deux poids suffisent.

» Pour éprouver la romaine dans toute sa longueur (et la

» balance-bascule dans toute sa portée), il en faut un plus
» grand nombre ; mais si les communes ne se les procuraient
» pas, vous ne devez pas laisser perdre de vue que la romaine
» (la balance-bascule) est un instrument non autorisé, mais
» simplement *toléré* ; or, sans l'assortiment, la vérification ne
» pourrait s'en faire et, par conséquent, la tolérance deviendrait
» impossible.

» J'aime à croire que les assortiments se trouveront prêts
» partout ; je vous invite à insister pour que ceux qui manque-
» raient, soient promptement procurés. Si dans quelques com-
» munes, ce soin avait été négligé, il faudrait, pour cette pre-
» mière et *dernière* fois, souffrir que la vérification se fît avec
» des poids d'emprunt ; mais ce serait absolument sans consé-
» quence et vous aurez à faire savoir que *cette tolérance ne pour-*
» *rait se répéter.* » (Circulaire du 14 octobre 1833.)

TABLEAU N° 7.

INSTRUMENTS DE MESURAGE POUR LE BOIS DE CHAUFFAGE.

» Les membrures qui représentent des mesures
de solidité du demi-décastère, du double stère, du
stère, et destinées à mesurer le bois de chauffage,
seront construites en bon bois ; les pièces qui les
composent devront être bien dressées et assem-
blées solidement.

» Chaque membrure sera formée d'une sole, de

deux montants et de deux contre-fiches; elle doit avoir de plus deux sous-traits.

La longueur de la sole, entre les montants, est fixée ainsi qu'il suit, savoir :

> Demi-Décastère. . . . 3 mètres.
> Double Stère. 2
> Stère. 1

» Pour les bois coupés à un mètre de longueur, la hauteur des montants sera :

> Demi-Décastère. . . . 1 m. 667 millim.
> Double Stère et Stère. 1 m.

» Chaque hauteur variera suivant la longueur des bois, de manière à toujours reproduire un solide de un, deux ou cinq mètres cubes (a).

» On pourra construire aussi des membrures en fer du double stère et du stère, pourvu qu'elles réunissent les conditions de justesse et de solidité nécessaires, et qu'elles soient garnies de rondelles adhérentes en étain ou en plomb, pour faciliter l'application des marques de vérification. »

(a) Cette prescription, copiée sur celles qui, précédemment, régissaient la matière, pouvait n'avoir aucun inconvénient alors que le mesurage du bois à brûler était obligatoirement effectué sur les chantiers (article 6 du décret du 16 juin 1808) par des mesureurs jurés: mais cet état de choses ayant été changé par l'article 1ᵉʳ de l'ordonnance du 4 septembre 1832, qui a aboli le service du mesurage public dans les chantiers, laissant à chaque marchand, le soin de mesurer et livrer lui-même son bois, rien ne saurait empêcher le marchand de bois qui, sous prétexte d'un débit de bois de différentes longueurs, *peut* avoir, dans son chantier, vingt et une membrures de stère, dont la hauteur des montants serait différente, mais conforme au tableau inséré dans la 11ᵉ instruction, de se servir, par exemple, de celle destinée au bois dont les bûches ont 1ᵐ 40 de longueur pour mesurer le bois qui n'a que 1ᵐ 30. Le vice est évident. Au reste, même sans employer ce moyen, les marchands, par le mode de livraison généralement en usage de cette marchandise qui se prête merveilleusement à de mauvais mesurages, les marchands, disons-nous, en plaçant, plus ou moins régulièrement les bûches dans la membrure du stère peuvent, sur une quantité donnée, faire une importante différence en moins.

Il n'y a qu'un moyen d'obvier aux inconvénients que présente le mesurage du bois, c'est de lui substituer le pesage, en usage dans différentes contrées. Nous n'insisterons pas sur ce point, il est trop évident pour que nous nous y arrêtions plus longtemps.

Afin de mettre chacun dans la possibilité de surveiller le mesurage du bois qui lui sera livré, nous allons donner le tableau de la hauteur que doivent avoir les montants du stère, du double stère et du demi-décastère, la longueur de la sole, telle qu'elle est fixée ci-dessus, restant toujours invariable, pour les différentes longueurs de bûches.

LONGUEUR DES BUCHES.	HAUTEUR DES MONTANTS	
	du stère et double stère.	du demi-décastère.
mèt. centim.	mèt. millim.	mèt. millim.
1 00	1 000	1 667
1 02	0 981	1 634
1 04	0 962	1 603
1 06	0 944	1 573
1 08	0 926	1 544
1 10	0 910	1 516
1 12	0 893	1 489
1 14	0 878	1 463
1 16	0 863	1 437
1 18	0 848	1 413
1 20	0 834	1 389
1 22	0 820	1 367
1 24	0 807	1 345
1 26	0 794	1 323
1 28	0 782	1 303
1 30	0 770	1 283
1 32	0 758	1 263
1 34	0 747	1 244
1 36	0 736	1 226
1 38	0 725	1 208
1 40	0 745	1 194

MONNAIE.

Bien que la monnaie n'ait pas été comprise dans les dispositions prises par l'ordonnance du 16 juin 1839, nous croyons devoir en faire mention, afin d'offrir le tableau complet du système décimal.

Les monnaies françaises sont assujéties, sous le

rapport de leur titre, de leur valeur, de leur poids, de leur module et de leurs divisions au système métrique.

En conformité de la loi du 18 germinal an III, l'unité monétaire est le franc ; ses divisions sont le décime et le centime, lesquels représentent la dixième et la centième partie de sa valeur.

Les monnaies françaises actuelles sont en or, en argent ou en bronze.

Les pièces d'or sont au nombre de cinq, celles d'argent également au nombre de cinq, et celles de bronze au nombre de quatre.

Pour donner aux monnaies d'or et d'argent plus de dureté et aussi, peut-être, pour se dispenser d'un affinage complet qui augmenterait considérablement les frais de consommation, on a reconnu qu'une certaine quantité d'alliage était nécessaire. L'alliage au douzième est celui qui, d'après Hatchett, résiste le plus longtemps au frottement ; néanmoins, on a adopté l'alliage au dixième qui a l'avantage d'être conforme à notre système décimal et de simplifier les calculs d'alliage et de titre.

L'alliage ou le titre des monnaies d'or et d'argent est donc au 10ᵉ, c'est-à-dire que le métal se subdivisant en mille parties, contient neuf cents parties d'or ou d'argent pur et cent parties de cuivre.

La monnaie de bronze se compose de quatre-vingt-quinze parties de cuivre pur, de quatre d'étain et d'une de zinc.

La tolérance du titre, au contraire de ce qui se pratique pour les poids et les mesures, est déterminée soit en dessus, soit en dessous ; elle est fixée pour les monnaies d'argent aussi bien que pour les monnaies d'or, par la loi du 7 prairial an XI et le décret du 22 mai 1849, à deux millièmes. La tolérance du poids, en dessus ou en dessous, est indiquée dans le tableau ci-après.

Le poids et le diamètre des monnaies de différentes valeurs sont différents, afin qu'elles ne puissent être confondues dans les piles et qu'il soit facile de les distinguer à la première vue ou au tact.

Les pièces de monnaie de même métal et de même valeur ont toutes, au contraire, rigoureusement le même diamètre. Ainsi, quoique fabriquées dans divers ateliers monétaires, comme elles se frappent dans des viroles d'acier, exécutées sur un seul et même calibre, elles forment, étant réunies, un cylindre parfait ; ce qui donne une grande facilité pour en former des piles ou rouleaux.

La proportion de la valeur entre l'or et l'argent est de 15 $^1\!/_2$ à 1, ce qui n'a pas permis de donner aux pièces d'or, ainsi qu'on l'a fait pour celles d'argent, un poids en nombres ronds : 155 pièces de 20 francs en or ou 40 pièces de 5 francs en argent, équivalent à 1 kilogramme.

TABLEAU DES MONNAIES D'OR, D'ARGENT ET DE BRONZE.

NOMS.	fr. c.	POIDS EXACT. gram.	Tolérance du poids. millièm.	Diamètre. millim.	Taille ou nombre de pièces au kilogram.
	100 00	32 258	1	35	34
	50 00	16 129	2	28	62
Or.....	20 00	6 45164	2	24	155
	10 00	3 22580	2 5	19	310
	5 00	1 61290	3	17	620
	5 00	25	3	37	40
	2 00	10	3	27	100
Argent.	1 00	5	5	23	200
	0 50	2 50	7	18	400
	0 20	1	10	15	1000
	0 10	10	10	30	100
	0 05	5	10	25	200
Bronze.	0 02	2	15	20	500
	0 01	1	15	15	1000

Cet historique, déjà trop long, selon nous, quoique nous nous soyons efforcé de le faire bref et complet [1], était utile pour que la génération qui vient et n'a heureusement pu assister au spectacle de nos luttes dont le souvenir s'éteint, soit rensei-

---

[1] Nous allions compléter le chapitre II en donnant le texte des lois pénales qui peuvent atteindre les contrevenants aux lois et ordonnances dont nous venons de donner le texte; mais le Corps législatif ayant adopté la réforme de certains articles du Code pénal, nous nous sommes décidé à renvoyer cette partie de notre travail et d'en former un chapitre à part dans lequel nous mentionnerons soigneusement les prescriptions qui ont remplacé ou modifié les articles du code pénal de 1810, en en relatant le texte tel qu'il a été voté le 18 avril 1863 et promulgué le 13 mai suivant.

gnée sur les difficultés sans nombre qu'a rencontrées, en France, l'institution d'un système uniforme de poids et de mesures.

Aujourd'hui, grâce à l'unité complète de la nation française que ne séparent plus les anciennes distinctions de province, les vieux souvenirs de nationalité, son établissement ne rencontre plus que peu d'obstacles dans l'ignorance et dans la paresse de la partie illettrée de la population. Les nouveaux moyens de communication prompts et économiques que la science, que le génie des découvertes a mis à la disposition de tous, répandront, populariseront le système décimal, le plus simple, le plus exact, le plus rationnel de tous les systèmes de calcul, non pas seulement en France, mais encore dans le monde entier.

Grâce à l'influence des travaux utiles qu'accomplira la Commission internationale des poids et mesures, spontanément formée en présence du magnifique spectacle de tous les produits de l'univers, offert par la nation française aux regards émerveillés, espérons que, dans un temps peu éloigné, tous les peuples adopteront le même langage dans leurs transactions commerciales, adopteront enfin cette uniformité de mesures, ce système décimal qu'au 19 frimaire an VIII la France consacrait A TOUS LES TEMPS, A TOUS LES PEUPLES !

[illegible]

III

LOIS PÉNALES.

Montesquieu, dans son immortel *Esprit des lois,*
observe que les crimes sont plus ou moins com-
muns dans chaque pays, selon qu'ils y sont punis
plus rigoureusement. C'est ainsi qu'au temps où,
suivant l'antique loi des Ripuaires, on pendait, en
France, les voleurs, peu de vols étaient commis;
mais aujourd'hui que, par suite des aberrations
d'une prétendue philanthropie, ces malfaiteurs
sont mieux nourris, mieux vêtus, mieux soignés,
en santé ou en maladie que d'honnêtes ouvriers ou
de braves paysans, les prisons ou les bagnes ne suf-

fisent plus à les contenir. Nous ne demandons certes pas que, par application du code pénal de 1771, l'on pende ou que l'on punisse de la roue ceux qui s'emparent du bien d'autrui, mais nous voudrions que la peine fût toujours sérieusement mesurée au délit.

Dans l'ancien droit français, la fraude, en matière de marchandises, était, suivant les us et coutumes des Romains, assimilée au crime de faux; aussi, le code pénal du 25 septembre 1791, fait sous l'empire de cette idée, prononçait-il la peine de quatre ans de fers contre les vendeurs à faux poids et à fausses mesures. Cette sévérité, réellement excessive, fit bientôt place à des tendances à l'indulgence qui, dans leur exagération ont engendré le mal contre lequel tout le monde réclame, parce que tout le monde est victime des nombreuses et coupables supercheries du commerce.

Le code pénal de 1810, fait à une époque où la législation s'adoucissait; se ressent encore, dans plusieurs de ses parties, de la tendance générale des esprits à l'indulgence. Ce code, dont, de temps en temps, on soumet à la révision les articles les plus débonnaires, punissait de peines correctionnelles l'emploi de poids et mesures faux et de ceux non reconnus par la loi, si cet emploi avait lieu dans un but frauduleux et de mauvaise foi; mais, d'autre part, il ne frappait que de peines de simple police la possession de faux poids et de fausses mesures, ne punissant pas la possession de poids et mesures prohibés, pas plus que l'usage et la possession de poids et mesures non vérifiés.

C'est un peu pour combler ces lacunes que l'article 4 de la loi du 4 juillet 1837 et l'ordonnance du 17 avril 1839 ont frappé des peines édictées par l'article 479 ceux qui possèdent des poids et des mesures autres que ceux portés dans le tableau annexé à la loi du 4 juillet. Cette mesure ayant été jugée insuffisante, le gouvernement, pour répondre aux nombreuses plaintes du public et du commerce, et pour mettre fin aux innombrables fraudes que le code n'atteignait, bien faiblement, que par interprétation, a, dans la loi du 27 mars 1851, élargi les dispositions de l'article 423, révisé lui-même, par la loi du 13 mai 1863, en élevant au rang du délit la détention de faux poids et de fausses mesures, agents principaux de la tromperie dont la possession dénonce ordinairement une intention coupable.

Comme complément du chapitre précédent, nous allons donner le texte des lois pénales qui peuvent atteindre les contrevenants aux lois, ordonnances et arrêtés que nous venons de relater ; mais cet ouvrage n'étant point destiné aux juristes, nous n'exposerons ni les commentaires ni la jurisprudence dont on peut les faire suivre, nous nous bornerons à quelques rares observations ; et, nous le disons sincèrement, s'il nous appartenait d'élever la voix

sur leur portée, nous solliciterions non une miti-
gation, comme trop souvent on l'a fait, mais une
application sincère et sévère de toutes leurs prescriptions pénales.

EXTRAITS DU CODE PÉNAL.

« Art. 57. — Quiconque ayant été condamné
pour crime *à une peine supérieure à une année
d'emprisonnement*, aura commis un *délit* ou un
crime qui devra n'être puni que de peines correctionnelles, sera condamné au maximum de la peine
portée par la loi, et cette peine pourra être élevée
jusqu'au double.

» *Le condamné sera, de plus, mis sous la surveillance spéciale de la haute police pendant cinq ans
au moins et dix ans au plus.* » (Instr. crim., 179;
Pén., 1, 40 s. 56, 58, 425; loi du 27 mars
1851.)

« Art. 58. — Les coupables condamnés correctionnellement à un emprisonnement de plus
d'une année seront aussi, en cas de nouveau délit
ou de crime qui devra n'être puni que de peines
correctionnelles, condamnés au maximum de la
peine portée par la loi et cette peine pourra être

ιportée jusqu'au double. Ils seront, de plus, mis
sous la surveillance spéciale du gouvernement pendant au moins cinq années et dix ans au plus. »
(Instr. crim., 179 s.; Pén., 9, 40 s., 44, 50, 57,
200, 423; loi du 27 mars 1851.)

« Art. 142. — Ceux qui auront contrefait les
marques destinées à être apposées, au nom du gouvernement, sur les diverses espèces de denrées ou
de marchandises, ou qui auront fait usage de ces
fausses marques; ceux qui auront contrefait le
sceau, timbre ou marque d'une autorité quelconque ou qui auront fait usage des sceaux, timbres
ou marques contrefaits; ceux qui auront contrefait les timbres-postes ou fait usage sciemment de
timbres-postes contrefaits, seront punis d'un emprisonnement de deux ans au moins et de cinq
ans au plus.

» Les coupables pourront, en outre, être privés
des droits mentionnés en l'article 42 du présent
code ¹, pendant cinq ans au moins et dix ans au
plus, à compter du jour où ils auront subi leur
peine.

¹ Art. 42. — Les tribunaux jugeant correctionnellement, pourront,
dans certains cas, interdire, en tout ou en partie, l'exercice des droits
civiques, civils et de famille suivants (Pén. 34, 43). 1° de vote et
d'élection (Pén., 34 § 2); 2° d'éligibilité (Pén., 34 § 2); 3° d'être appelé
ou nommé aux fonctions de juré ou autres fonctions publiques ou aux emplois de l'administration, ou d'exercer ces fonctions ou emplois (Instr.

» Ils pourront aussi être mis, par l'arrêt ou le jugement, sous la surveillance de la haute police pendant le même nombre d'années.

» Les dispositions qui précèdent seront applicables aux tentatives des mêmes délits. » (Pén., 7 § 6, 21, 47, 141, 143, 163 s.)

« Art. 143. — Quiconque s'étant indûment procuré les vrais sceaux , timbres ou marques ayant l'une des destinations exprimées en l'article 142, en aura fait ou tenté de faire une application ou un usage préjudiciables aux droits ou intérêts de l'État ou d'une autorité quelconque, sera puni d'un emprisonnement de six mois à trois ans.

» Les coupables pourront, en outre, être privés des droits mentionnés en l'article 42 du présent code, pendant cinq ans au moins et dix ans au plus, à compter du jour où ils auront subi leur peine.

» Ils pourront aussi être mis, par l'arrêt ou le jugement, sous la surveillance de la haute police pendant le même nombre d'années. » (Pén., 8 § 2, 34, 35.)

crim., 381, Pén., 34 §1); 4° du port d'armes (Pén., 34 § 5); 5° de vote et de suffrage dans les délibérations de famille (Pén., 34 § 4); 6° d'être tuteur, curateur, si ce n'est de ses propres enfants et sur l'avis seulement de la famille (Pén., 34 § 4. 334, 335); 7° d'être expert ou employé comme témoin dans les actes (Pén., 34 § 3); 8° de témoignage en justice, autrement que pour y faire de simples déclarations (Pén., 34 § 3)

« Art. 163. — L'application des peines portées contre ceux qui ont fait usage de monnaies, billets, sceaux, timbres, marteaux, *poinçons*, marques et écrits faux, contrefaits, fabriqués ou falsifiés, cessera toutes les fois que le faux n'aura pas été connu de la personne qui aura fait usage de la chose fausse. » (Pén., 132, 135 à 162, 164, 165.)

» Art. 164. — Il sera prononcé contre les coupables une amende dont le minimum sera de cent francs et le maximum de trois mille francs. L'amende pourra, cependant, être portée jusqu'au quart des bénéfices illégitimes que le faux aura procurés ou était destiné à procurer aux auteurs du crime ou du délit, à leurs complices ou à ceux qui ont fait usage de la pièce fausse. » (Pén., 9 § 3, 52, 59 s.)

« Art. 423. — Quiconque aura trompé l'acheteur sur le titre des matières d'or ou d'argent, sur la qualité d'une pierre fausse vendue pour fine, sur la nature de toutes marchandises ; quiconque, par usage de faux poids ou de fausses mesures, aura trompé sur la quantité des choses vendues, sera puni de l'emprisonnement pendant trois mois au moins et un an au plus, et d'une amende qui ne pourra excéder le quart des restitutions et dommages-intérêts, ni être au-dessous de cinquante francs. (Pén., 9 § 3, 40 s., 62, 463.)

» Les objets du délit ou leur valeur, s'ils appartiennent encore au vendeur, seront confisqués; les faux poids et les fausses mesures, seront aussi confisqués et, de plus, seront brisés.

» Le tribunal pourra ordonner l'affiche du jugement. » (Pén., 11, 176, 424, 479 §5, 480 §2, 481 § 1 ; loi du 27 mars 1851.)

« Art. 424. — Si le vendeur et l'acheteur se sont servi, dans leurs marchés, d'autres poids et d'autres mesures que ceux qui ont été établis par les lois de l'État, l'acheteur sera privé de toute action contre le vendeur qui l'aura trompé par l'usage de poids et de mesures prohibés (loi du 4 juillet 1837), sans préjudice de l'action publique pour la punition tant de cette fraude que de l'emploi même des poids et des mesures prohibés.

» La peine, en cas de fraude, sera celle portée par l'article précédent. (Pén., 9 §3, 11, 40 s., et 176.)

» La peine, pour l'emploi des mesures et poids prohibés, sera déterminée par le livre IV du présent code, contenant les peines de simple police. » (479 § 6, 480 § 2, 481 § 1.)

« Art. 463. — Les peines prononcées par la loi contre celui ou ceux des accusés reconnus coupables, en faveur de qui le jury aura déclaré les circonstances atténuantes, seront modifiées ainsi qu'il suit (Instr. crim., 341) :

» Si la peine prononcée par la loi est la mort, la cour appliquera la peine des travaux forcés à perpétuité, ou celle des travaux forcés à temps ;

» Si la peine est celle des travaux forcés à perpétuité, la cour appliquera la peine des travaux forcés à temps ou celle de la réclusion (Pén., 7 §§ 4 et 6);

» Si la peine est celle de la déportation dans une enceinte fortifiée, la cour appliquera celle de la déportation simple, ou celle de la détention ; mais, dans les cas prévus par les articles 96 et 97, la peine de la déportation simple sera seule appliquée ;

» Si la peine est celle de la déportation, la cour appliquera la peine de la détention ou celle du banissement (Pén., 7 § 5, 8 § 1);

» Si la peine est celle des travaux forcés à temps, la cour appliquera la peine de la réclusion ou les dispositions de l'article 401, sans toutefois, pouvoir réduire la durée de l'emprisonnement au-dessous d'un an (Pén., 7 § 6, 9 § 3. 40 s., 42, 44, 50) ;

» Dans le cas où le code prononce le maximum d'une peine afflictive, s'il existe des circonstances atténuantes, la cour appliquera le minimum de la peine ou même la peine inférieure ;

» Dans tous les cas où la peine de l'emprisonnement et celle de l'amende sont prononcées par le code pénal, si les circonstances paraissent atténuantes, les tribunaux correctionnels sont autorisés, même en cas de récidive, à réduire les deux peines comme suit :

» Si la peine prononcée par la loi, soit à raison de la nature du délit, soit à raison de l'état de récidive du prévenu, est un emprisonnement dont le minimum ne soit pas inférieur à un an, ou une amende dont le minimum ne soit pas inférieur à cinq cents francs, les tribunaux pourront réduire l'emprisonnement, sans qu'en aucun cas, il puisse être au-dessous des peines de simple police;

» Dans tous les cas, ils pourront réduire l'emprisonnement même au-dessous de six jours, et l'amende même au-dessous de seize francs. Ils pourront aussi prononcer séparément l'une ou l'autre de ces peines, et même substituer l'amende à l'emprisonnement, sans qu'en aucun cas, elle puisse être au-dessous des peines de simple police. » (Instr. crim., 179, 190; Pén., 9 § 3, 40 s., 52, 423, 465, 466, 483, loi du 27 mars 1851.)

« Art. 471. — Seront punis d'amende depuis un franc jusqu'à cinq francs, inclusivement :

» . . . . . 15° Ceux qui auront contrevenu aux règlements légalement faits par l'autorité administrative, et ceux qui ne se seront pas conformés aux règlements ou arrêtés publiés par l'autorité municipale, en vertu des articles 3 et 4, titre XI

de la loi du 16 août 1790 et de l'article 46, titre 1er de la loi du 19 juillet 1791. » (Pén., 475 § 1,
476, 479 § 9.)

« Art. 474. — La peine d'emprisonnement contre toutes les personnes mentionnées en l'article
471, aura toujours lieu, en cas de récidive, pendant trois jours au plus. » (Pén., 40 s., 464, 465,
483.)

« Art. 479. — Seront punis d'une amende de
douze à quinze francs inclusivement :
» . . . . . . 6° Ceux qui emploient des poids ou
des mesures différents de ceux établis par les lois
en vigueur. » (Loi du 4 juillet 1837; Pén., 480 § 3,
481 § 2.)

« Art. 480. — Pourra, selon les circonstances,
être prononcée la peine d'emprisonnement pendant cinq jours, au plus :
» . . . . . . 3° Contre ceux qui emploient des
poids et des mesures différents de ceux que la loi
en vigueur a établis. » (Pén., 481 § 2.)

« Art. 481. — Seront de plus saisis et confisqués, 1° les faux poids et les fausses mesures, ainsi
que les poids et mesures différents de ceux que la
loi a établis. » (Pén., 423, 479 § 6, 480 § 3 ; lois
du 4 juillet 1837 et du 27 mars 1851.)

« Art. 482. — La peine d'emprisonnement pendant cinq jours aura toujours lieu, pour récidive, contre les personnes et dans les cas mentionnés en l'article 479. » (Pén., 40 s., 464, 465, 483.)

« Art. 483. — Il y a récidivé dans tous les cas prévus par le présent livre (livre IV. art. 464 à 483), lorsqu'il a été rendu contre le contrevenant, dans les douze mois précédents, un premier jugement pour contravention de police commise dans le ressort du tribunal.

» L'article 463 du présent code sera applicable à toutes les contraventions ci-dessus indiquées. » (Pén., 474.)

Loi du 27 mars 1851.

« Art. 1er. — Seront punis des peines portées par l'art. 423 du code pénal :

» 1° Ceux qui falsifieront des substances ou denrées alimentaires ou médicamenteuses destinées à être vendues ;

» 2° Ceux qui vendront ou mettront en vente des substances ou denrées alimentaires ou médicamenteuses qu'ils sauront être falsifiées ou corrompues ;

» 3° Ceux qui auront trompé ou tenté de tromper, sur la quantité des choses livrées, les personnes

auxquelles ils vendent ou achètent, soit par l'usage
de faux poids ou de fausses mesures, ou d'instruments inexacts servant au pesage ou mesurage,
soit par des manœuvres ou procédés tendant à
fausser l'opération du pesage ou mesurage, ou à
augmenter frauduleusement le poids ou le volume
de la marchandise, même avant cette opération ;
soit, enfin, par des indications frauduleuses tendant à faire croire à un pesage ou mesurage anté-
rieur et exact.

» Art. 2. — Si, dans les cas prévus par l'art 423
du code pénal ou par l'art. 1ᵉʳ de la présente loi,
il s'agit d'une marchandise contenant des mixtions
nuisibles à la santé, l'amende sera de cinquante à
cinq cents francs, à moins que le quart des restitutions et dommages-intérêts n'excède cette dernière somme ; l'emprisonnement sera de trois
mois à deux ans.

» Le présent article sera applicable, même au
cas où la falsification nuisible serait connue de l'a-
cheteur ou consommateur.

» Art. 3. — Sont punis d'une amende de seize
à vingt-cinq francs, et d'un emprisonnement de
six à dix jours, ou de l'une de ces deux peines seulement, suivant les circonstances, ceux qui, sans
motifs légitimes, auront, dans leurs magasins, boutiques, ateliers ou maisons de commerce, ou dans
les halles, foires ou marchés, soit des poids ou mesures faux, ou autres appareils inexacts servant au

pesage, soit des substances alimentaires ou médicamenteuses qu'ils sauront être falsifiées ou corrompues.

» Si la substance falsifiée est nuisible à la santé,
l'amende pourra être portée à cinquante francs, et
l'emprisonnement à quinze jours

» Art. 4. — Lorsque le prévenu, convaincu de
contravention à la présente loi ou à l'art. 423 du
code pénal, aura, dans les cinq années qui ont
précédé le délit, été condamné pour infraction à la
présente loi ou à l'article 423, la peine pourra être
élevée jusqu'au double du maximum; l'amende
prononcée par l'art. 423, et, par les art. 1 et 2 de
la présente loi, pourra même être portée jusqu'à
mille francs, si la moitié des restitutions et dommages-intérêts n'excède pas cette somme ; le tout
sans préjudice de l'application, s'il y a lieu, des
art. 57 et 58 du code pénal.

» Art. 5. — Les objets dont la vente, usage ou
possession constitue le délit, seront confisqués,
conformément aux articles 423, 477 et 481 du
code pénal.

» S'ils sont propres à un usage alimentaire ou
médical, le tribunal pourra les mettre à la disposition de l'administration pour être attribués aux
établissements de bienfaisance.

» S'ils sont impropres à cet usage ou nuisibles,
les objets seront détruits ou répandus, aux frais du
condamné. Le tribunal pourra ordonner que la

destruction ou effusion aura lieu devant l'établissement ou le domicile du condamné.

» Art. 6. — Le tribunal pourra ordonner l'affiche du jugement dans les lieux qu'il désignera, et son insertion intégrale ou par extrait dans tous les journaux qu'il désignera, le tout aux frais du condamné.

» Art. 7. — L'art. 463 du code pénal sera applicable aux délits prévus par la présente loi.

» Art. 8. — Les deux tiers du produit des amendes sont attribués aux communes dans lesquelles les délits auront été constatés.

» Sont abrogés les articles 475 § 14, et 479 § 5 du code pénal. »

Le but de la loi du 27 mars est de protéger le commerce contre la déloyauté et l'improbité ; douze années d'expérience ont prouvé que son application, dans une mesure de juste sévérité, fera atteindre ce résultat.

Cette loi a longuement exercé les commentateurs ; le § 3 de l'article premier a particulièrement fixé leur attention. Nous allons nous y arrêter un instant.

Les deux premiers paragraphes de cet article, tout en frappant des peines portées par l'article 423 du code pénal les falsifications de substances ou denrées alimentaires ou médicamenteuses destinées à être vendues, ainsi que ceux qui auront vendu ou mis en vente ces objets, sachant qu'ils étaient falsifiés et corrompus, se sont abstenus de punir la *tentative* de tromperie sur la *nature* de la marchandise.

Il n'en est pas ainsi du troisième paragraphe qui fait application de l'article 423 à ceux qui auront trompé ou *tenté* de tromper sur la quantité de la chose livrée.

Si la tromperie sur la quantité, une fois consommée, est un fait simple, facile à saisir, il n'en est pas toujours de même de la tentative ; il est difficile de montrer où commence la tentative et là où elle s'arrête, pour faire place au délit de tromperie. « Les tentatives de filouterie, d'escroquerie, dit M. Riché, dans
» son rapport du 25 février 1851, sont assimilées au fait accom-
» pli. L'équité, d'accord avec le besoin d'une répression plus
» facile, nous a conduits à vous proposer d'étendre cette règle
» à la tentative de tromperie par faux poids et mesure. Celui
» qui *tend un piège à l'acheteur* n'est pas plus honorable parce
» que l'acheteur *a été très clairvoyant* ou que la police est in-
» tervenue. On essaiera moins souvent quand on n'essaiera pas
» impunément ! »

Nous l'avons dit, il est très difficile d'indiquer d'une manière générale les caractères déterminés, précis qui peuvent faire reconnaître le commencement d'exécution du délit et en distinguer les actes de ceux qui ne sont que préparatoires. Ainsi, un marchand ne possède qu'une balance, elle est exposée sur son comptoir, prête à fonctionner, offerte, par conséquent, à l'acheteur ; elle est fausse, ou bien encore, un corps étranger a été placé dans le plateau contenant la marchandise ; — l'acheteur découvre la fraude avant le pesage terminé ; — y a-t-il tentative de tromperie ou délit consommé ? La cour impériale de Paris a décidé, en ces termes, le 25 février 1841, qu'il y a un délit consommé : « Con-
» sidérant qu'il résulte de l'instruction et des débats, qu'à la
» date portée dans la plainte, Deville est entré dans le magasin
» de Rougier ; que les parties sont tombées d'accord du prix de
» la chose vendue, et qu'ainsi le contrat était consommé ; —
» Considérant qu'il résulte des débats qu'un morceau de plomb,
» apposé par Rougier sous le plateau de la balance où il faisait
» peser la grille achetée par Deville, augmentait le poids de la'

» marchandise et ajoutait une valeur considérable au prix fixé
» entre les parties, mais que la grille était déjà vendue par la
» consommation du contrat, et qu'il ne s'agissait plus que de vé-
» rifier le nombre d'hectogrammes ; — Considérant que Devillé,
» devenu propriétaire de la grille, a été réellement trompé sur
» la valeur de la marchandise, et qu'il y a eu délit consommé,
» aux termes de l'article 423 du code pénal, — Condamne. »

La tentative, ont pensé quelques personnes, n'interprétant
pas assez largement le texte de la loi, doit être soumise à la réa-
lisation du fait de tromperie, c'est-à-dire à la livraison. Le législateur n'a pu avoir une telle pensée ; voulant mettre un terme à
toutes les infractions à la justesse du pesage et du mesurage,
résultat inévitable de ces stratagèmes souples et variés que tout
le monde connaît, de cette prestidigitation habile ou des addi-
tions clandestines qui savent rendre docile un plateau ou fasci-
ner les regards de l'acheteur et les manœuvres qui ajoutent au
poids réel de la marchandise ou lui donnent une ampleur trom-
peuse, il n'a rien trouvé du mieux à faire que d'assimiler la
tentative de tromperie à la tromperie même. Il révèle encore
suffisamment sa pensée de surprendre les félonies mercantiles,
avant qu'elles aient produit leur effet, mais quand la volonté préméditée, manifeste de les commettre n'attend que l'occasion et
la provoque ostensiblement. (Cour impériale de Paris 11 novembre 1851.)

Exiger que la tentative ne porte que sur les objets *livrés*, ce
serait aller contre la pensée du législateur, puisqu'au moment
de la livraison, la tromperie n'est plus seulement à l'état de tentative, mais bien et complètement consommée.

La cour de Toulouse est allé plus loin : elle considère la mise
en cours d'exécution d'une transaction commerciale acceptée
par les contractants, comme suffisante pour légitimer une pour-
suite de tentative de tromperie sur la quantité. Dans l'espèce,
un sieur Merly avait donné ordre à Dossat de lui expédier une

certaine quantité de graine de trèfle. — Ce dernier, pour se mettre en mesure d'exécuter cette commande, s'était procuré de la marchandise qu'il avait fait transporter chez lui où il l'avait fait falsifier, en y ajoutant une certaine quantité de sable, dans le but de tromper l'acheteur sur la quantité à livrer. L'expédition de cette marchandise n'avait pu avoir lieu, par suite de l'obstacle apporté par la police ; mais la cour a condamné Dossat pour tentative de tromperie sur la quantité. (Cour de cass., 4 avril 1857.)

Avant l'avènement de la loi du 27 mars 1851, la Cour de cassation avait rendu deux arrêts qui ont fait jurisprudence jusqu'à ce jour :

« Les balances sont assimilées aux poids et me-
» sures (arrêt du 12 juillet 1825), et, lorsque
» l'un des plateaux d'une balance placée sur un
» comptoir est trouvé plus pesant que l'autre, *le*
» *détenteur* de l'instrument *est présumé en avoir*
» *fait usage,* et il y a lieu de le renvoyer devant
» le tribunal correctionnel et non devant le tri-
» bunal de simple police. » (Arrêt du 30 août
1822. — *Bull. crim.*, t. 27.)

Le principe adopté par l'arrêt de la cour suprême est celui qui a dirigé les législateurs, lors de la discussion de la loi du 27 mars 1851.

Le tribunal d'Alger a complètement adopté cette jurisprudence : de nombreux jugements rendus dans des cas analogues en témoignent.

Des balances fausses, en exercice sur le comptoir, des poids

faux placés à la portée de ces balances et disposés pour servir,
ayant été saisis, en 1862, chez plusieurs commerçants, le tribunal, faisant bonne justice, leur a, en conformité de l'article
1er §3 de la loi du 27 mars 1851, fait application des peines
édictées par l'article 423 du code pénal :

(Trib. d'Alger, 8 avril 1862.) — « Le nommé Lluch (Diégo),
» boulanger et épicier, prévenu d'avoir, 1° depuis moins de
» trois ans, et notamment dans le cours du mois de février der-
» nier, à la Maison-Carrée, trompé ou tenté de tromper les per-
» sonnes auxquelles il vend ou achète, par l'usage de poids
» faux et d'appareils inexacts servant au pesage ; 2° ou, tout au
» moins, d'avoir, dans les circonstances de temps et de lieu
» sus-indiquées, et sans motif légitime, eu, dans son magasin,
» un appareil inexact et deux poids faux servant au pesage ;

» Faits punis par les articles 1, §3, 3 et 5 de la loi du 27
» mars 1851 et 423 du code pénal ;

» Considérant que, depuis moins de trois ans, Lluch, bou-
» langer, a tenté de tromper les personnes auxquelles il vend
» ou achète par l'usage de poids faux et d'appareils inexacts
» servant au pesage ;

» Qu'il se sert habituellement, dans son commerce, 1° d'une
» balance dont une des esses est dépourvue d'acier ; dont l'ai-
» guille est non assujétie, a un côté qui l'emporte sur l'autre
» de onze grammes ; 2° d'un poids d'un kilogramme qui pré-
» sente un déficit d'un gramme ; 3° d'un poids d'un hecto-
» gramme qui présente un déficit d'un demi-gramme ;

» Que ce fait, établi par un procès-verbal régulier, constitue
» le délit prévu par les articles 1 §3, 5 et 6 de la loi du 27
» mars 1851, etc. ;

» Attendu que, dans la cause, il y a des circonstances at-
» ténuantes, — Condamne, etc. »

Dix-sept jugements identiques ont été rendus par le même
tribunal.

Nous terminerons ce chapitre en citant quelques passages du remarquable rapport que M. Riché a présenté, le 25 février 1851, à l'Assemblée nationale législative, ce sont ceux qui concernent principalement la tromperie au moyen d'instruments inexacts. Nous les recommandons aux méditations des magistrats administratifs et judiciaires, chargés d'assurer l'exécution de cette loi et d'en appliquer la pénalité.

« Parmi les moyens d'améliorer le sort des classes
» laborieuses, il en est un qui ne coûterait rien à la
» liberté, si ce n'est à la liberté de la fraude, qui,
» loin d'attaquer les principes de la propriété, leur
» rendrait hommage, en poursuivant une espèce
» de vol qui n'aurait pas pour effet d'ébranler les
» bases de la morale publique, mais pourrait con-
» tribuer à la rafermir. C'est la réforme d'abus
» qu'a introduits, dans le débit des marchandises
» destinées aux usages domestiques, la cupidité
» de quelques vendeurs, désavoués par la très
» grande majorité de leurs confrères. »

. . . .

« Une inspection plus active doit figurer parmi
» ces moyens. Les agents de la police, assez vigi-
» lants à Paris, ce théâtre principal de toute fraude,
» peuvent être stimulés dans d'autres villes où la
» fraude n'est pas inconnue. Les lois, les règle-

» ments peuvent charger de nouveaux devoirs,
» armer de nouveaux droits les employés qui re-
» cueillent diverses taxes, les vérificateurs des
» poids et mesures. On peut prescrire aux vérifi-
» cateurs, aux commissions inspectrices, moyen-
» nant une rémunération plus complète, des in-
» vestigations moins rares, moins prévues. Le
» projet que nous vous soumettons invite les pou-
» voirs législatif et exécutif à entrer dans cette
» voie, permet la création d'inspecteurs spé-
» ciaux, etc. »

. . . .

« Mais l'inspection la plus vigilante à quoi ser-
» virait-elle, et ne serait-elle pas bientôt livrée au
» découragement, même à un certain ridicule, si,
» bien souvent, elle ne pouvait saisir le délit, faute
» de saisir un moment fugitif ; si, au bout de
» ses procès-verbaux, *il n'y avait,* TROP FRÉQUEM-
» MENT, *que des châtiments impuissants ;* si le
» bénéfice des délits accumulés dépassait consi-
» dérablement la somme des amendes ; si le sen-
» timent même de la honte, honte qui, d'ail-
» leurs, ne tombe guère sur un simple repris
» de justice de paix, s'émoussait et s'étourdissait
» au milieu des supputations du profit ; si un
» étrange amour-propre ne faisait, parfois, que
» s'irriter en face des vains défis *d'une pénalité il-*
» *lusoire ?*

16

. . . .

« Les dispositions du projet relatives à la trom-
» perie sur le pesage ou le mesurage, consacrent
» quelques interprétations données par la juris-
» prudence du texte de l'article 423. »

M. Riché a, certainement, en vue l'arrêt précité
de la Cour de cassation en date du 30 août 1822.
Il termine enfin son rapport en disant :

« Rendre un service aux commerçants honnê-
» tes, c'est-à-dire à l'immense majorité ; diminuer
» le nombre des félonies mercantiles les plus dan-
» gereuses, en leur retirant l'impunité qui les en-
» courageait souvent, ou en aggravant la peine
» légère dont elles se jouaient ; prévenir non-seu-
» lement leur trop grande multiplicité, mais aussi
» leur effet pernicieux, en les surprenant souvent
» avant qu'elles aient produit cet effet, mais lors-
» que la volonté préméditée et manifeste de les
» commettre n'attend que l'occasion, la provoque
» ostensiblement ou l'épie en se cachant ; attaquer
» ainsi les fraudes dont l'appréciation soulève le
» moins de problèmes, et la recherche le moins
» d'objections, celles qui sont les plus fréquentes
» et les plus nuisibles, soit à la santé publique, soit
» aux classes qui peuvent le moins se défendre de
» la tromperie ou qui souffrent le plus du préju-
» dice ; devenir peut-être l'utile précurseur d'une

» réforme plus vaste et plus compliquée, telle est
» l'espérance du projet dont la commission pro-
» pose l'adoption à l'Assemblée nationale légis-
» lative. »

Ainsi, des poids faux, des instruments de pesage
faux ou inexacts, servant ou prêts à servir, considérés comme préliminaire de l'usage, ne doivent pas
tomber sous l'application de l'art. 3, mais bien sous
celle de l'art. 1er § 3 ; car, si, ainsi que la Cour de
cassation l'a décidé le 10 février 1854, la mise en
vente est, en quelque sorte, un commencement de
livraison, nous pouvons, avec non moins de raison, dire que la préméditation de se servir d'instruments de mesurage et de pesage faux ou inexacts est un commencement ou une tentative de
tromperie ; ceci est conforme à la raison et, ainsi
que nous l'avons démontré, à l'esprit de la loi.

IV

ORGANISATION DU SERVICE DE LA VÉRIFICATION.

En terminant l'aperçu que nous venons de mettre sous les yeux de nos lecteurs, nous avons dit que c'étaient les habitudes paresseuses du peuple, plus que ses besoins, qui avaient résisté à l'admission du système métrique. Une autre cause a également beaucoup servi cette sourde opposition, c'est, en dehors des dispositions législatives trop souvent obscures ou incomplètes, l'organisation vicieuse donnée, dès le principe, au service chargé, jusqu'à ce jour, d'assurer l'exécution des lois sur l'uniformité des poids et mesures. De même que la dispensation de la justice est confiée à un corps de magistrats qu'entoure l'estime respectueuse du public, il est certain que l'administration des poids et mesures doit être confiée à un corps de fonctionnaires dont les pouvoirs soient assez étendus, l'autorité assez grande, la position assez déterminée, assez élevée pour, qu'entouré de la considération générale, la mission qu'il doit remplir puisse être accomplie convenablement.

Qu'il nous soit donc permis de le dire : on a commis des fautes graves, lorsqu'on a organisé le service de la vérification des poids et mesures, et, par suite de ces fautes, l'exécution des lois sur le système métrique a été continuellement compromise. Pour démontrer cette proposition, nous allons faire connaître les différents systèmes d'organisation qui, tour-à-tour, se sont produits, persuadé que de cette simple narration découlera la preuve qu'ils ont été, jusqu'à ce jour, constamment incomplets et défectueux ; puis, pour faire profiter de notre longue expérience les nations étrangères qui se disposent à adopter notre système de mesures, nous exposerons, en peu de mots, les idées qui nous ont été suggérées par ces leçons du passé, en leur proposant un mode d'organisation qui les aidera puissamment à arriver, sans secousse et sans froissements, à une prompte adoption de l'uniformité des poids et mesures qu'il serait si désirable de voir admettre chez tous les peuples du monde civilisé.

Nous ne rechercherons pas quelle position les agents de la vérification des poids et mesures occupaient sous l'empire des lois ou règlements qui, avant 1790, les régissaient dans les différentes provinces de la France. L'Assemblée nationale ayant aboli, comme entachés de féodalité, tous les droits qui étaient perçus au titre des poids et mesures, et ayant prescrit aux municipalités de pourvoir gratuitement à l'étalonnage et à la vérification des poids et mesures, il est probable que les agents qui étaient précédemment chargés de ce service, subirent eux-mêmes le sort des lois qui furent abrogées dans la séance du 15 mars 1790. Au surplus, l'histoire garde le silence le plus absolu sur ces fonctionnaires.

Jusqu'au 19 juillet 1791, l'Assemblée nationale, pleine de confiance dans la probité des citoyens, cette noble vertu qui fait préférer le devoir à la passion et à l'intérêt, n'avait pas publié de loi protectrice de l'honnêteté commerciale.

Cependant, le 19 juillet, l'Assemblée, après avoir rendu un décret sur les pièces de théâtre, fit une loi aux termes de laquelle elle confiait aux officiers de police le soin de prendre connaissance des désordres qui pourraient se produire dans les cafés, cabarets et boutiques, et d'y *vérifier* la justesse des poids et mesures dont on y ferait usage. Jusqu'à ce jour, la vérification des poids et des mesures avait été exclusivement confiée à la bonne foi des marchands.

En 1793, il n'est pas encore question d'établir les agents de la vérification ; seulement on voit, dans le décret rendu le 1er août de cette année, que l'Académie des sciences et le comité d'instruction publique sont chargés (art. 4) de surveiller la construction des étalons qui doivent être envoyés dans les départements où ils seront confiés, dans chaque chef-lieu, à une personne éclairée, choisie par le corps administratif. Dès cette époque l'empreinte d'un poinçon, portant les lettres R. F. liées ensemble (décret du 17 août 1793), était néanmoins appliquée sur les balances et sur les poids, par les soins de la commission générale des monnaies.

Enfin, apparaît la loi du 18 germinal an III, et l'on voit naître l'institution des vérificateurs des poids et mesures. Cette loi, après avoir déterminé (art. 16) que chaque mesure serait marquée du poinçon de la république garant de son exactitude, établit (art. 17) qu'il y aurait dans chaque district des vérificateurs chargés de l'apposition de ce poinçon.

Le principe est définitivement posé, l'institution

est définitivement créée; mais, là s'arrête le décret: la Convention se borne à ordonner à l'agence temporaire de préparer un règlement dans le but de déterminer tout ce qui concerne les fonctions de vérificateur des poids et mesures, ainsi que le nombre de ces agents.

Quelques mois plus tard, dans le but, sans doute, de déterminer certaines attributions, la Convention, par la loi du 1er vendémiaire an IV, chargea les municipalités et les administrations de police (art. 11) d'exercer une surveillance active sur les opérations commerciales, en faisant de fréquentes visites, plusieurs fois dans l'année, dans les boutiques et magasins, dans les places publiques, foires et marchés, pour s'y assurer de l'exactitude des poids et mesures; puis elle arrêta (art. 13) qu'il y aurait dans les principales communes des vérificateurs chargés d'apposer, sur les mesures, le poinçon de l'État, et détermina que ces agents, dont les attributions seraient arrêtées par le pouvoir exécutif, seraient nommés par les administrations de département.

Ainsi qu'on vient de le voir, il y eut des vérificateurs en 1795, mais leurs attributions se bornaient à vérifier et à poinçonner les mesures que l'on présentait à leur examen ; la surveillance à exercer sur ces mêmes mesures était complètement réservée à l'autorité municipale.

Dans une proclamation du 19 germinal an VII,

le Directoire exécutif, après avoir dit combien il
est pénétré de l'importance de la grande et salutaire institution de l'uniformité des poids et mesures, pose deux principes fondamentaux qui,
depuis, ont formé la base de toutes les lois constitutives sur les poids et mesures. Par le premier
(art. 3), il veut qu'il ne puisse être mis en vente,
ni employé dans le commerce aucune mesure qui
ne porte le nom qui lui est affecté par la loi du
18 germinal an III, et qui n'ait été vérifiée et marquée du poinçon de l'État ; par le second (art. 4),
qui, déjà une première fois, avait été décrété le
27 pluviose an VI, il déclare que toute mesure ancienne ou nouvelle qui n'aurait pas été poinçonnée
serait considérée comme fausse et illégale, et que
tous les fabricants qui en vendraient, les marchands qui en conserveraient dans leurs boutiques
ou magasins, seraient poursuivis. Ces principes,
puisés dans le vrai, ont longtemps été en vigueur ;
hautement proclamés par les tribunaux, ils ont été
la base de toutes les lois coërcitives sur les poids
et mesures, ils ont été la garantie la plus certaine
du commerce et de la population, jusqu'au 20 février 1810, époque où l'article 479 du code pénal
a établi une distinction entre les poids faux et ceux
seulement irréguliers, c'est-à-dire qui, sans être
faux, ne sont pas revêtus des marques légales de
la vérification, ou ne sont pas compris dans la nomenclature légale.

Mais, en 1801 (arrêté des consuls du 29 prairial an IX), soit que l'exécution des lois et règlements sur l'organisation de la vérification des poids et mesures eût rencontré de trop grands obstacles, particulièrement dans le choix du personnel qui devait être d'autant plus difficile à former, qu'à cette époque, la guerre européenne soutenue par la France prenait la partie la plus vivace et la plus éclairée de la nation ; soit que le traitement affecté aux emplois de la vérification fût trop minime et la position trop précaire, pour attirer des hommes de capacité et d'une probité éprouvée ; soit encore que l'expérience eût fait reconnaître que les fonctions de vérificateur, difficiles à remplir à plus d'un titre, exigeaient de l'homme qui en était investi, autant de savoir que de prudence, de tact que d'activité, de probité que d'habileté, on ne crut pas pouvoir moins faire que de charger les sous-préfets de la garde des étalons (art. 1er), et de les investir des fonctions de vérificateur des poids et mesures, instituées par l'article 13 de la loi du 1er vendémiaire an IV. Les sous-préfets devenus vérificateurs, étant, par conséquent, obligés de vérifier et étalonner les poids qui leur étaient présentés (art. 3), d'inscrire sur un registre le nombre des vérifications faites chaque jour et les rétributions perçues (art. 7), de se transporter dans les chantiers pour y vérifier les membrures destinées à mesurer le bois de chauffage (art. 8), furent autorisés à prendre, pour les *aider* dans la vérification, des employés dont le traitement, prélevé sur la rétribution perçue pour la vérification (art. 5), était fixé par le ministre de l'intérieur (art. 13).

Comme complément de cette loi et pour en assurer l'exécution, il fut arrêté (art. 15) que le ministre de l'intérieur nommerait vingt-cinq inspecteurs, un pour quatre départements au moins, dont les principales attributions consisteraient à faire de fréquentes tournées dans toutes les communes de leur arrondissement d'inspection, et particulièrement dans les localités où les marchés exigent un emploi journalier des poids et mesures, afin d'y assurer l'exécution des lois sur le système métrique, d'y surveiller continuellement le service particulier des officiers de police, mis dès lors à leur disposition (service déterminé par l'art. 16 de l'arrêté), de s'assurer enfin de la régularité des opérations des vérificateurs et de contrôler les perceptions que ces derniers faisaient.

Ces fonctionnaires furent aussitôt nommés et installés dans leur emploi, ainsi qu'il apparaît d'une circulaire ministérielle adressée aux préfets le 2 fructidor an IX ; leur traitement fut fixé à cinq mille francs, somme énorme pour l'époque. Ces fonctions furent inopportunément abolies en 1819. Les inspecteurs furent, en quelque sorte, remplacés, dans chaque département, par le vérificateur du chef-lieu qui prit le titre de vérificateur principal, et fut chargé de diriger et surveiller les opérations des vérificateurs des arrondissements ou secondaires, qui, à leur tour, devaient se conformer aux ordres et instructions que leur donnerait le vérificateur principal. Cet essai d'organisation hiérarchique n'eut que peu de suite. Mais revenons à 1801.

Bientôt les sous-préfets se trouvèrent dans l'impossibilité matérielle de remplir les pénibles devoirs de la vérification, et l'autorité fut dans la nécessité d'investir complètement des fonctions confiées à ces administrateurs, les employés que ces derniers avaient choisis pour les aider, ou que les préfets avaient désignés, suivant les ordres donnés par le ministre de l'intérieur, parmi les hommes les plus recommandables sous le rapport de la probité comme sous celui des talents. Cependant, il faut le dire, si ces vérificateurs remplissaient effectivement, sous la surveillance des inspecteurs, toutes les fonctions de leur emploi, ils n'étaient revêtus, en quelque sorte, d'aucun caractère public, ils n'existaient pas encore dans la hiérarchie des fonctionnaires, car ce ne fut qu'en 1825, longtemps après que l'essai d'organisation de 1819 eut échoué, que cette lacune commença à être comblée.

A l'article premier de l'arrêté des consuls du 29 prairial an IX, l'ordonnance du 18 décembre fut substituée par les dispositions suivantes :

Article premier : « Les préfets et les sous-pré-
» fets continueront à exercer leur surveillance sur
» l'uniformité et la légalité des poids et mesures
» répandus dans le commerce ; l'inspection en sera
« faite, sous leurs ordres, par des vérificateurs
» préposés par les préfets. »

Article trois : « Il y aura des vérificateurs dans
» chaque arrondissement. »

Puis vient l'article huit : « Les vérificateurs
» sont nommés et révocables par les préfets, sous
» l'approbation du ministre de l'intérieur. »

Article neuf : « Le traitement des vérificateurs
» sera réglé par le ministre de l'intérieur, sur
» l'avis des préfets. »

L'article deux de la même ordonnance avait réglé que les autorités municipales seraient dans l'o-
bligation de prêter leur assistance aux vérificateurs, et qu'elles devraient poursuivre devant les
tribunaux, soit d'office, soit à la réquisition de ces
agents, les contraventions commises par les marchands. Cette prescription de l'ordonnance de 1825
amoindrissait singulièrement, aux yeux du public,
l'autorité des vérificateurs.

Tel est l'acte de naissance des vérificateurs des
poids et mesures ; on ne voulait plus qu'ils fussent
les agents, les employés des sous-préfets, on n'osait
pas encore en faire des fonctionnaires.

Les consuls à qui était dévolu le choix des agents

de l'administration, avaient, en 1801, choisi les sous-préfets comme offrant de véritables garanties de position, de probité et de savoir; l'ordonnance du 18 décembre 1825, au lieu de laisser au roi, héritier du pouvoir des consuls, la nomination des agents de la vérification, ou de la donner à un ministre, l'abandonna complètement au bon plaisir des préfets.

Sous l'empire de l'ordonnance qui a précédé la loi du 4 juillet 1837, la nomination des vérificateurs, ainsi qu'on l'a vu, appartenait aux préfets des départements. Dès lors, il n'était possible d'offrir qu'un avenir très restreint à l'employé sur qui tombait cette goutte de la faveur préfectorale. Les idées d'avenir du vérificateur étaient ainsi bornées par les limites du département dans lequel il exerçait ses modestes fonctions; bien plus, s'il avait véritablement quelque valeur personnelle, s'il avait une noble ambition, cette vertu des cœurs généreux, par l'humble position qui lui était faite, il se trouvait dans l'obligation de renfermer ses regrets en lui-même et de faire le sacrifice de son savoir, de son intelligence, en se résignant au milieu d'un cercle véritablement sans issue, après avoir écrit sur son drapeau le terrible mot du Dante :

Lasciate ogni speranza !

Sous ce régime, les vérificateurs peu rétribués, sans autorité, sans avenir, sans moyen de percer faisaient peu ou point de travail ; et, lorsqu'ils travaillaient, lorsqu'ils faisaient leurs pérégrinations annuelles, on les voyait, courant de commune en commune, le bâton à la main, le dos chargé de leurs instruments de vérification, ressemblant plutôt à des colporteurs qu'à des fonctionnaires organes d'une loi protectrice, avoir hâte d'atteindre le village où les attendait l'omnipotence du maire. A peine arrivés, ils ébauchaient leurs opérations, et s'éloignaient le plus promptement possible, la rougeur au front, l'humiliation au cœur, de ces localités où les avaient poursuivis les questions semi-impératives de l'autorité, les insinuations souvent injurieuses de tous, le sourire moqueur du petit marchand et les familiarités du gendarme ou du garde-champêtre.

Cette position était bien triste pour des hommes voués à un service public ; néanmoins, jusqu'en 1827, aucune amélioration n'y fut apportée. Mais alors, le roi Charles X dont la bienveillance est connue et dont le cœur était ouvert à toutes les souffrances, établit, le 3 novembre 1827, une caisse de retraite en faveur des employés de la vérification des poids et mesures. Cette institution dont le but était d'assurer un peu de pain et de repos aux vieux jours de ces agents, a fonctionné jusqu'au 1er janvier 1854, époque où la caisse des retraites a été abolie et les pensions qu'elle servait mises à la charge de l'État.

En 1837, le gouvernement ému par les plaintes qui lui arrivaient de tous les points du royaume, plaintes provoquées par les fraudes nombreuses auxquelles donnaient lieu, d'une part, l'usage simultané, autorisé par le décret de 1812, des poids décimaux et des poids usuels dans les boutiques des détaillants, et, d'autre part, le défaut de surveillance, le manque d'autorité des vérificateurs, qui, n'étant pas investis du droit de constater les contraventions, ne pouvaient agir fructueusement qu'assistés d'un officier municipal, le gouvernement, disons-nous, résolut de revenir complètement aux lois de l'an III et de l'an VIII sur les poids et mesures, et il présenta aux Chambres un projet qui est devenu la loi du 4 juillet 1837 dont nous avons donné le texte.

Lors de la discussion de la loi de 1837, l'attention des Chambres fut appelée sur les vérificateurs. On désirait rehausser leurs fonctions, on voulait bien ne pas les laisser à terre où ils *gisaient* depuis longtemps, mais on ne voulait pas non plus placer ces agents dans une position trop élevée. En retirant aux préfets la nomination des vérificateurs, fallait-il rendre au roi cette attribution que, l'on s'en souvient, les consuls avaient eue? La question était embarrassante, néanmoins elle fut tranchée par le chef de l'État lui-même (art. 1er, ordonnance du 17 avril 1839): ce ne fut ni au roi ni aux préfets que fut donnée la mission de pourvoir aux emplois de la vérification, mais au ministre duquel relèverait ce service.

Lorsque la loi du 4 juillet eut été rendue et qu'on eut fait l'ordonnance du 17 avril 1839, complément obligé de cette loi ; lorsque l'on eut donné aux vérificateurs différentes prérogatives qui, jusqu'à cette époque, leur avaient été refusées, entre autres celle de poursuivre directement les contraventions et même les délits, ces agents sortirent aussitôt de l'état d'infériorité dans lequel les avait tenus la précédente législation ; élevés à la position de fonctionnaires, ils acceptèrent sans restriction, toutes les obligations que leur imposait leur nouvelle situation, et ils se sentirent agrandis de toute l'importance de leur mission.

Au choix souvent forcé ou intéressé que faisait le préfet, avait succédé le choix du mérite, le choix par le concours, par l'examen ; à la faveur succédait le choix éclairé. Aussi, dès lors, vit-on des hommes qu'appuyait un mérite réel paraître dans la lice ouverte aux candidats, et, confiants dans l'avenir, aller offrir au gouvernement et au commerce le gage d'une probité sévère et d'un dévouement à toute épreuve.

Beaucoup d'entre eux, en effet, entrèrent, après 1839, dans la carrière de la vérification. Nommés à la suite d'un concours sérieux, ils se croyaient certains d'arriver, après une longue carrière de travail et d'honneur, à une position qui assurerait l'aisance à leur famille ; déjà le mérite se coudoyait dans cette carrière, pour laquelle, autrefois, les préfets recrutaient, à grand'peine, quelques agents médiocres ; le dévouement soumis à de nombreuses épreuves s'exaltait de plus en plus ; chaque jour était marqué par un progrès ; le commerce honnête et loyal se félicitait de cet état de choses dont, le premier, il recueillait les fruits, quand, sans que rien eût fait prévoir cet événement, survint le décret du 25 mars 1852, si fatal aux fonctionnaires des poids et mesures, si préjudiciable à l'ensemble du service et si regrettable, par cela même, pour l'honnêteté des transactions commerciales.

Nous n'examinerons pas autrement ce décret dans ses effets et dans ses causes ; cependant, nous dirons que si, à certains égards, il a pu avoir des avantages, comme de déléguer aux préfets quelques attributions dévolues autrefois aux ministres, telles que la nomination des médecins d'hôpitaux, d'architectes des villes, etc., emplois pouvant être convenablement remplis par des hommes de la localité, le législateur a pu se tromper et s'est trompé, lorsqu'il leur a confié la prérogative de pourvoir aux emplois de vérificateur des poids et mesures : la sphère dans laquelle ces administrateurs agissent est trop restreinte pour qu'il leur soit possible de procéder, d'une manière toujours convenable à ces sortes de choix.

[illegible]

V

PROJET DE RÉORGANISATION.

La simple narration dont est rempli le chapitre précédent était nécessaire pour aider à l'intelligence de quelques idées qui pourront se produire dans celui-ci.

L'uniformité des poids et mesures qui, en France, a eu tant de peine à pénétrer dans les habitudes de la population, n'eût pas eu un si grand nombre d'obstacles à vaincre, si, dès le principe, on eût organisé convenablement et hiérarchiquement un corps de fonctionnaires dont la mission eût été de propager le système légal, et de faire exécuter les lois qui l'avaient établi.

Nous allons exposer au grand jour les fautes, si malheureusement commises en France, moins pour jeter un blâme sur l'administration que pour faire profiter de notre expérience les nations étrangères dont les gouvernements se disposent à nous emprunter notre système de mesures, et leur éviter, ainsi, de passer par les rudes épreuves que nous avons subies.

Toutes les observations que nous allons faire, toutes les considérations dans lesquelles nous allons entrer et soumettre à la sagacité des gouvernants ainsi qu'à la méditation des peuples; tout ce que nous allons dire, enfin, en dehors de tout intérêt personnel, s'appliquera aussi bien à toutes les nations du monde civilisé qu'à la France, chez laquelle nous prendrons cependant nos exemples.

Puisque nous avons exposé l'histoire des poids et mesures telle qu'elle s'est produite en France, histoire qui, partant de Charlemagne, passant par Henri II, Louis XIV et Napoléon-le-Grand, vient aboutir à Napoléon III ; puisque nous avons tracé en quelques traits, l'histoire des vérificateurs des poids et mesures qui se trouve intimement liée à l'œuvre de la Convention et du Directoire, nous nous croyons autorisé, prenant nos exemples aussi bien dans le passé que dans l'actualité, à exposer le mode d'organisation que nous voudrions voir adopter par les nations étrangères, et à proposer les améliorations qu'il serait utile d'introduire en France.

Nous entrons en matière.

En France, ainsi que l'ont voulu l'ordonnance du 18 décembre 1825 et celle du 17 avril 1839, il y a, dans chaque arrondissement de département, un vérificateur des poids et mesures qui, dans un grand nombre de chefs-lieux, est assisté d'un ou de plusieurs employés auxquels on a donné le titre de vérificateurs adjoints.

Un petit nombre de ces employés, qu'aucun lien ne rattache à une administration, reçoit un traitement convenable ; mais la majorité ne touche qu'une rétribution trop exiguë pour qu'il lui soit possible de pourvoir à ses besoins les plus impérieux ; aussi, beaucoup de ces agents exercent-ils une industrie dont ils joignent les fruits au produit de leur place, afin de pouvoir exister, et cela au grand détriment de leurs fonctions et de leur dignité.

Il faut bien le reconnaître, l'administration entrée une fois dans cette mauvaise voie, a été conséquente avec elle-même, lorsqu'elle n'a accordé aux agents qu'un traitement trop minime ; plaçant des employés dans des arrondissements où il n'y a ni industrie, ni commerce, et, par conséquent, point d'occupation, elle n'a pu et dû leur accorder que des honoraires proportionnés au peu d'importance des travaux à faire, sans considérer que ces mêmes agents qui n'ont, il est vrai, le plus souvent, à s'occuper activement que pendant cinquante à soixante jours par an, sont cependant dans la nécessité de pourvoir à leur existence pendant trois cent soixante-cinq jours.

De leur côté, ces agents, sans moyens suffisants d'existence, sans espoir fondé de voir leur position s'améliorer, puisqu'il n'y a pas d'avancement hiérarchique, ne font que rigoureusement ce qu'il faut faire pour ne pas recevoir de reproches; ils se livrent, sans zèle, sans ardeur, à leurs occupations, négligeant tout ce qui peut être négligé sans péril pour eux; s'occupant, par intermittence, sans aucun goût, opposant l'insouciance à leurs devoirs, et, par cela même qu'ils ont peu à faire, ils ne font rien, parce qu'ils trouvent qu'ils auront toujours bien le temps de faire ce que, probablement,... ils ne feront jamais.

Conséquence de cette organisation vicieuse, les fonctions sont elles-mêmes très déprisées, et les agents subordonnés au public, ou par l'industrie qu'ils exercent, ou par la misère [1], ne remplissent

---

[1] On pourrait citer certains industriels qui, profitant de quelques prétendues relations avec les bas étages du ministère, n'épargnent ni peines, ni soins pour exercer une pression sur les vérificateurs et les contraindre ainsi à poinçonner des instruments défectueux ; lorsque la

pas leurs devoirs. Au lieu d'établir tant de fonctions (455), dans le but, il semblerait, de créer des fonctionnaires, le législateur de 1839 eût agi plus sagement, s'il eût proportionné le nombre des agents au labeur ; il aurait dû avoir toujours présent à la pensée ce principe, aujourd'hui passé à l'état d'axiôme en Angleterre : *mieux vaut un petit nombre d'employés largement rétribués que beaucoup mal payés : aux premiers on peut, sans crainte, demander l'impossible : ils le donneront ; aux seconds que voulez-vous demander, vous savez d'avance qu'ils ne donneront rien.*

Les inconvénients qui résultent de cette organisation du personnel sont trop palpables, trop évidents, trop graves pour qu'ils ne soient pas immédiatement appréciés ; la situation faite aux vérificateurs d'arrondissements est telle, que, naturellement, ces agents n'ont presque rien fait pour propager l'uniformité des poids et mesures. Pour s'excuser de leur inertie, ils ont rejeté sur les habitudes et les besoins du peuple ce qui n'était causé que par sa profonde ignorance dont ils ne cherchaient pas à éclairer quelques ombres, et ils ont ainsi provoqué, indirectement, l'arrêté du 13 brumaire an IX et le décret du 12 février 1812 dont l'effet a été de faire reculer l'uni-

persuasion ne réussit pas, ces honnêtes gens ne craignent pas de les menacer de leur influence, et si, enfin, la menace n'a aucun succès, ils offrent des dons ou calomnient !

formité des poids et mesures de plus de cinquante ans.

Le ministère de la guerre, instruit, sans doute, par l'expérience de la France, n'a pas suivi les mêmes errements, lorsqu'il a établi, en Algérie, le service des poids et mesures. A part quelques erreurs administratives, sur lesquelles il est en partie revenu, il a adopté un système à peu près à l'abri de tout reproche; il n'est pas parfait, mais il est éminemment perfectible, et il sera facile d'arriver, en Algérie, à une très bonne organisation du personnel, sans détruire ce qui existe, ce qu'il serait impossible de faire en France. A l'inverse de ce qui a été fait dans la métropole, il a proportionné le nombre de ses agents, d'ailleurs assez convenablement rétribués, à l'importance du travail; il n'a pas craint de surcharger d'occupations et de courses les vérificateurs honorés de sa confiance, aussi ont-ils fait l'impossible, et, aujourd'hui, l'uniformité des poids et mesures est admise, même par les Arabes et les Kabyles.

Au système suivi en France, nous opposerons un autre système, applicable aussi bien à l'Espagne qu'à l'Angleterre, à l'Allemagne qu'à l'Italie, à la Russie qu'aux républiques d'Amérique, au Brésil et à la Suisse, lequel aura pour résultat certain d'assurer, de rendre sérieuse la propagation du système uniforme des poids et mesures, d'attacher aux opérations des vérificateurs une responsabilité réelle, responsabilité qui, seule, peut offrir au public et au commerce la garantie à laquelle ils ont droit, et qui devient illusoire lorsqu'elle dépend d'agents qui, à l'abri de toute surveillance effective, n'attachent de prix qu'à leur repos, qu'à leur tranquillité, et s'endorment dans une insouciante quiétude.

Lorsqu'il s'agit d'opérer une réforme salutaire, il faut oublier entièrement le passé, mettre de côté tous les précédents que l'on pourrait invoquer, ou, tout au moins, ne s'en souvenir que pour ne point retomber dans les mêmes erreurs; c'est ce que nous allons chercher à faire, tout en généralisant nos idées.

Ainsi que nous l'avons démontré par l'exemple de ce qui s'est passé en France, il est très important, il est indispensable que les nations qui voudront introduire chez elles l'uniformité des poids et mesures, et auront surtout la volonté de propager activement cette institution, évitent de confier ce service à un trop grand nombre de vérificateurs.

Au lieu de placer un de ces fonctionnaires dans chaque chef-lieu d'arrondissement, de district, de subdivision, il serait bon de ne mettre, dans chaque province ou département, dans chaque grande division de territoire qu'un vérificateur unique, sur le zèle, l'aptitude et le dévouement duquel on pourrait compter; sous l'autorité et sous les ordres de ce vérificateur en chef on placerait un nombre de vérificateurs adjoints ou auxiliaires suffisant pour les besoins du service.

Le service départemental ou divisionnaire ainsi organisé, fonctionnerait sous la direction et la surveillance d'un inspecteur général qui centraliserait hiérarchiquement le service de la totalité des vérificateurs, alors réunis en corps d'administration.

D'après ce système, pour en citer des exemples propres à rendre la démonstration plus frappante, au lieu de trois cent quatre-vingt-trois vérificateurs, remplissant isolément leurs fonctions dans les trois cent soixante-treize arrondissements communaux qui forment les divisions secondaires de la France, nous en substituerions quatre-vingt-dix, dont un pour chaque département, celui de la Seine excepté, qui en aurait deux. Quant à l'Algérie, dont l'étendue, on le sait, est, à peu près, égale aux deux tiers de la France, nous y laisserions les trois vérificateurs existants.

L'organisation française, telle que nous la proposons, serait parfaitement applicable à l'Angleterre, pays très pratique, qui, avant un an, peut-être, aura adopté d'abord, puis introduit le système métrique dans ses immenses possessions de l'Europe, de l'Asie, de l'Afrique, de l'Amérique et de l'Océanie.

On se le rappelle, lorsque Talleyrand fit son remarquable rapport sur la réforme du système des poids et mesures (chap. II, page 30), il proposa à l'Assemblée nationale d'écrire au parlement d'Angleterre pour l'engager à concourir avec la France, par des commissaires choisis, en nombre égal, dans l'Académie des sciences de Paris et dans la Société royale de Londres, à la fixation de l'unité naturelle des mesures, et des poids. Alors l'Angleterre dont le cœur était vivement empreint des vieilles idées de haine et de jalousie qu'elle avait toujours témoignées à la France, refusa de partager avec sa rivale la gloire de cette grande et scientifique réforme.

Plus tard, beaucoup plus tard, lorsque les haines eurent fait place à une amitié et une estime au moins politiques, alors que le sang anglais se mêlait au sang français sous les murs de Sébastopol, les idées anglaises parurent se rapprocher des idées françaises, en présence du magnifique spectacle que présentait l'exposition universelle de Paris, en 1855 ; c'est alors que fut établie, à Paris, l'association internationale des poids et mesures, dont nous avons déjà parlé, à plusieurs reprises, dans le cours de cet ouvrage.

Cette société, présidée par **M. le baron de Rothschild**, a poursuivi son œuvre sans bruit, sans éclat, mais avec une sûreté de vues et une persévérance qui feront son succès.

Sous l'influence des travaux, des publications et

des démarches de l'association internationale, dont la commission britannique était présidée par un homme du plus grand mérite, M. James Yates, l'année dernière, pendant la durée de l'exposition universelle, en Angleterre, un comité de la Chambre des communes fit officiellement, par ordre de ce grand corps de l'État, une enquête sur notre système de mesures.

La commission d'enquête a conclu, à l'unanimité, circonstance fort rare, des quinze membres, sans distinction d'opinion, qui la composaient, à l'adoption du système métrique, en se fondant sur les grands avantages qu'il présente sur tous les autres systèmes de poids et de mesures, et sur ce fait qu'il ne procède pas de données particulières à la France, mais qu'il a un caractère éminemment universel, puisqu'il repose sur des bases naturelles, empruntées au globe terrestre. (Se reporter au décret de l'Assemblée nationale du 8 mai 1790, page 32.)

Cette conclusion du comité d'enquête de la Chambre était déjà une victoire ; mais il fallait qu'un vote du Parlement vînt sanctionner la proposition du comité. Un bill a donc été présenté dans le cours de la session actuelle, à l'effet d'introduire, à titre officiel, dans la Grande-Bretagne, le système métrique français. L'initiative du bill était prise par M. Ewart, président du comité d'enquête de 1862, et par plusieurs membres de ce comité, au nombre desquels figuraient plusieurs illustrations et, en particulier, M. Richard Cobden, le célèbre économiste dont la vie entière a été consacrée à défendre les trois grands principes de la liberté commerciale, de la liberté politique et de la paix.

La seconde lecture du bill, qui, à la Chambre des communes, est la plus importante, celle sur laquelle se concentre la discussion, a eu lieu dans la nuit du 1er au 2 juillet 1863.

La discussion a été longue et intéressante. Malgré plusieurs adversaires sérieux et redoutables, parmi lesquels on a compté deux ministres, M. Milner Gibson et M. Glastone, qui, dans cette circonstance, subissaient l'influence de lord Palmerston, dont la vieille haine pour la France n'est pas encore entièrement éteinte, cent dix voix contre soixante-quinze se sont prononcées pour la seconde lecture.

Après cette victoire éclatante, dont se sont réjouis les amis de tout ce qui tend à rapprocher les peuples, il est probable que la prochaine session verra l'Angleterre adhérer pratiquement au système métrique. Ce suffrage aura les plus grandes conséquences pour le triomphe universel de ce système, car, à n'en pas douter, les nations encore en retard, s'empresseront d'imiter l'Angleterre, l'empire le plus commerçant du monde entier, celui dont le pavillon couvre le plus de territoires et occupe les plus nombreuses positions dans les cinq parties du monde.

Le système, vivement attaqué, ainsi que nous l'avons dit, par MM. Gibson et Glastone et par quelques autres membres plus acerbes et dédaigneux que sérieux, a été glorieusement défendu, dans la célèbre nuit du 1er au 2 juillet, dans ce langage simple et clair des affaires, qui est l'un des mérites éminents des orateurs anglais, par M. Ewart, d'abord, le promoteur du bill, puis par M. Locke, célèbre ingénieur, l'introducteur des premières machines locomotives en France, par M. Pollard Urquhart, économiste distingué, par M. Baines, chancelier du duché de Lancaster, fonctions qui donnent droit à un siége dans le cabinet, par M. Bazley, par M. Roebuck, l'un des plus courageux promoteurs de la réforme administrative en Angleterre, par MM. Hodgson et Benjamin Smith et surtout par l'illustre M. Cobden que toute idée grande ou généreuse trouve toujours parmi ses défenseurs.

En Espagne, il pourrait y avoir un vérificateur, non dans chaque capitainerie générale, ces divisions sont trop étendues, mais dans chacune des quarante-huit provinces qui forment le royaume ; ce fonctionnaire, ainsi placé près de l'intendant civil, administrateur de la province, exercerait ses fonctions sous la direction et la surveillance directe d'un inspecteur divisionnaire.

En Prusse, royaume qui, formé de deux parties distinctes et séparées par des pays étrangers, se divise en huit provinces, subdivisées en vingt-cinq gouvernements ou régences, et trois cent vingt-huit cercles, si l'on mettait un vérificateur dans chaque province, peut-être serait-ce imposer à cet agent une charge trop lourde; mais si, d'un autre côté, l'on mettait un employé dans chaque cercle, ne serait-ce pas faire renaître, dans ce pays, l'erreur administrative dont la France est victime depuis si longtemps? Nous pensons que l'on concilierait l'intérêt du public, celui de l'administration et celui de l'agent, en plaçant un vérificateur dans chacun des vingt-cinq gouvernements.

La Prusse entrée depuis peu dans la grande famille des pays constitutionnels, peut, si elle est habile, saisir l'occasion de l'introduction du système décimal des poids et mesures en Allemagne, pour augmenter son influence dans cette vaste, belle et riche contrée, et particulièrement dans les états qui font partie de l'association allemande des douanes, connue sous le nom de Zoolverein, en formant des divisions de vérification des poids et mesures comprenant tous les pays qui composent l'association, sans faire acception de leurs territoires respectifs.

Aux États-Unis la division des vérifications est parfaitement déterminée par celle des états.

La Russie, avec ses soixante-deux millions d'habitants disséminés ou plutôt clairsemés sur un espace immense qui comprend, en Asie ou en Europe, la huitième partie du monde habitable, pourrait parfaitement faire faire son service des poids et mesures par cinquante et un vérificateurs, un par province ou gouvernement.

Ces quelques exemples suffisent pour, à la fois, faire comprendre notre pensée et convaincre que cette organisation, parfaitement applicable à la France, pourrait être adoptée avec avantage par les autres nations.

Après avoir donné nos idées sur l'organisation générale du service, nous allons entrer dans quelques détails sur une de ses parties les plus importantes, sur la constitution hiérarchique du personnel administratif ; ce point est très grave, il est indispensable de le régler ; de sa bonne organisation dépend le succès de l'œuvre.

Que l'organisation que nous venons d'indiquer soit mise en œuvre en France ou en Algérie, ou bien en Russie, en Espagne, en Suisse ou chez n'importe quelle nation, comme l'importance des départements, des gouvernements, des provinces, des divisions territoriales attribués aux vérificateurs, ne sera pas la même pour chacun d'eux ; que le travail à faire, vérification et écritures, les distances à franchir, la prolongation du séjour dans les différentes localités, le nombre des commerçants assujétis à la vérification et les produits de la vérification ne seront pas les mêmes dans chaque division de vérification ; comme, en principe, chacun doit être rémunéré en raison des services qu'il rend, des travaux qu'il accomplit, de l'intelligence et de la capacité dont il fait preuve ; pour donner à chaque agent le salutaire encouragement de l'espérance, pour, en un mot, lui offrir l'attrait de l'avancement, la garantie d'un solide avenir ;

En soumettant au Conseil d'État le projet de l'ordonnance du 17 avril 1839, le ministre du commerce avait présenté un tarif nouveau, conforme au système de l'ordonnance ; mais le Conseil d'État n'ayant, sans doute, pas eu le temps d'examiner ce tarif, a, *provisoirement,* maintenu celui de 1825, qui est souvent en opposition avec le système de la loi du 4 juillet 1837.

Le tarif actuellement en vigueur a cela d'injuste, que c'est, précisément, sur les professions qui embrassent les opérations les plus importantes qu'il pèse le moins ; ainsi, un marchand de nouveautés, un marchand de draps qui mesurent, chaque année, des marchandises pour des millions de francs, pourront ne payer que dix centimes, tandis que le modeste épicier du coin paiera souvent six, dix ou douze francs pour les balances poids et mesures qui forment son assortiment obligatoire.

Si on ne veut pas frapper d'une taxe uniforme la vérification des poids et des mesures, ce qui pourrait provoquer des réclamations, peut-être serait-il convenable de déclarer la vérification périodique gratuite ainsi que l'est, depuis longues années, la vérification primitive, sauf à ajouter quelques centimes additionnels à la patente, pour couvrir le déficit que cette mesure occasionnerait dans les produits du trésor.

Les commerçants n'ayant plus rien à payer, n'auraient plus aucun motif avouable pour soustraire leurs mesures à la vérification.

Par contre, si on rendait la vérification périodique gratuite, il faudrait frapper d'amendes énormes les industriels qui auraient négligé de faire vérifier leurs instruments dans les délais déterminés par l'art. 48 de l'ordonnance du 17 avril 1839.

Cette idée, soumise à un examen sérieux, doit faire son chemin.

nous pensons qu'il sera indispensable de diviser chaque catégorie du corps de la vérification en plusieurs classes.

Pour la France et l'Algérie, les quatre-vingt-treize vérificateurs départementaux ou provinciaux pourraient être divisés en quatre classes :

La première classe des vérificateurs pourrait se composer de dix agents, un peu plus du dixième de la totalité du personnel ;

La seconde classe pourrait comprendre le double de la première classe ;

La troisième classe compterait trente agents ;

La quatrième classe, enfin, comprendrait le surplus, c'est-à-dire un peu plus du tiers de la totalité, soit trente-trois membres.

Ces fonctionnaires qui, tous, compteraient déjà de longs et bons services, qui, tous, auraient, par conséquent, été dûment éprouvés, pourraient être, en France au moins, ainsi rétribués :

Première classe, six mille francs ;

Seconde classe, cinq mille francs ;

Troisième classe, quatre mille francs ;

Quatrième classe, trois mille francs.

Ils pourraient recevoir, en outre, une indemnité pour frais de tournées, proportionnée aux distances à parcourir ainsi qu'aux séjours à faire hors de leur résidence ordinaire.

Comme il serait matériellement impossible à chaque vérificateur d'accomplir, à lui seul, tous les devoirs qui lui seraient imposés, on lui donnerait, ainsi que nous l'avons dit plus haut, des auxiliaires qui l'aideraient, suivant les besoins du moment et du service; il y aurait, tout au moins, un vérificateur auxiliaire près de chaque vérificateur en chef, et un plus grand nombre dans les divisions importantes; on pourrait également instituer quelques surnuméraires qui offriraient le précieux avantage de mettre à la disposition du gouvernement, lorsqu'il s'agirait de combler des vides, de remplir des vacances, des sujets habitués au travail et déjà experts dans la science.

Le nombre des auxiliaires pourrait être de cent cinquante, pour la France et l'Algérie; cette même proportion de cinq auxiliaires, environ, pour trois vérificateurs pourrait être observée par les nations étrangères. Quant aux surnuméraires, leur nombre serait égal au quinzième des auxiliaires.

De même que nous avons divisé les vérificateurs en quatre classes (l'avancement pourrait avoir lieu sur place), ce qui donne à chacun de ces agents l'espoir fondé d'un avancement qui jamais ne sera refusé à celui qui s'en rendra digne par sa conduite, son travail et le zèle qu'il déploiera, nous nous proposons, par les mêmes motifs, de diviser les auxiliaires de la vérification en trois classes, dont le sixième du personnel dans la première (25), le tiers dans la seconde (50) et le surplus (75) dans la troisième; les surnuméraires devant former, en quelque sorte, une quatrième classe d'auxiliaires.

Les auxiliaires pourraient être ainsi rétribués :

Première classe, deux mille cinq cents francs ;

Deuxième classe, deux mille francs ;

Troisième classe, seize cents francs.

Dans le but d'ouvrir les portes de l'administration au mérite dépourvu de fortune, nous proposons de donner aux surnuméraires, pendant le temps de leur stage, une indemnité annuelle de mille francs.

Les auxiliaires des deux premières classes seraient placés près des vérificateurs dont les tournées de vérification seraient trop considérables pour qu'ils pussent les faire entièrement eux-mêmes ; ceux de la troisième classe seraient sédentaires ; ils seraient attachés aux vérifications les plus importantes ou à celles dont le chef effectuerait, par lui-même, toutes les tournées, ordinaires et extraordinaires.

Cette hiérarchie, sinon complète, au moins satisfaisante et surtout indispensable au bien du service, aurait pour couronnement, comme nous l'avons déjà indiqué, un inspecteur général, placé au centre du gouvernement, près du ministre auquel ressort le service des poids et mesures.

Les surnuméraires, nommés à vingt et un ans, pourraient être promus, après deux années d'études et d'épreuves, au grade de vérificateur auxiliaire de troisième classe ; parvenus à ce grade, ils seraient attachés à un bureau de vérification et ils y continueraient le service sédentaire auquel ils étaient astreints pendant leur surnumérariat ; deux années au moins après, suivant les besoins du service, ils pourraient être promus à la deuxième classe de leur grade ; alors commenceraient, pour eux, les épreuves des tournées qui exigent, en dehors du savoir acquis dans le bureau, tout le tact et la sagacité nécessaires pour ne pas froisser les populations et, en même temps, donner toute satisfaction aux autorités locales et aux besoins de leur administration. De ce troisième point de départ, la hiérarchie est déterminée, la route est naturellement tracée, les employés de la vérification n'auront plus, désormais, pour parvenir aux emplois les plus élevés, qu'à résoudre une question de temps, de science, de bonne volonté, de capacité et de dévouement.

Après avoir parcouru les trois classes de leur grade, les auxiliaires parviendront à celui de vérificateur en chef, pourvus de tout le savoir, de toute l'expérience nécessaires pour remplir convenablement les devoirs auxquels leurs nouvelles fonctions les obligent.

Nous le répétons, avec l'organisation du personnel que nous proposons d'établir, la hiérarchie des emplois sera créée, et, par conséquent, à l'encontre de ce qui existe aujourd'hui en France,

tous les devoirs seront tracés, tous les droits connus, tous les services récompensés.

De la hiérarchie, ainsi établie, découle la responsabilité personnelle, cette précieuse garantie
offerte au public, laquelle engendrera elle-même
la solidarité entre tous les agents. Partant du sur-
numéraire, remontant par l'auxiliaire, la garantie
de la responsabilité s'arrêtera-t-elle au vérificateur en chef?

Dans le but d'offrir à la population, au commerce, au gouvernement, à la morale publique, la
salutaire garantie d'une haute surveillance s'exerçant sur tous les agents, sans exception ; afin que
le zèle ne s'éteigne jamais, que les employés rejettent même la pensée d'une négligence, nous pla-
cerions à la tête du service, des inspecteurs des
poids et mesures, sous la surveillance de chacun
desquels on mettrait un certain nombre de provinces ou départements. Ces inspecteurs, qui
centraliseraient dans leurs mains le service des
provinces ou arrondissements de vérification dont
l'administration leur serait confiée, parcourraient,
chaque année, tour-à-tour, suivant les circonstances qui se présenteraient, les différentes localités
des provinces de leur ressort ; ils se mettraient
ainsi à même, en dehors de l'inspection des registres et écritures, de porter un jugement fondé
sur la manière dont le vérificateur en chef et les
auxiliaires remplissent les devoirs de leurs fonc-

tions, et pourraient même, parfois, réparer une erreur ou une négligence dont les effets auraient été désastreux. Ces inspecteurs rendraient compte de leurs observations à l'inspecteur général qui centraliserait tous les rapports.

Le nombre des inspecteurs divisionnaires pourrait être fixé à huit, dont un pour l'Algérie.

Ainsi que nous l'avons fait pour les autres catégories de fonctionnaires, l'inspection pourrait former trois classes qui seraient personnelles :

La première comprendrait deux titulaires dont le traitement serait fixé à douze mille francs ;

La seconde comprendrait deux inspecteurs jouissant d'un traitement de dix mille francs ;

La troisième, enfin, en comprendrait quatre, auxquels on accorderait huit mille francs d'appointements.

Ainsi, voici une hiérarchie complète, dont toutes les parties se lient entr'elles et sont indispensables : sans surnuméraires, on n'aurait pour recruter le service que des individus sans précédents ; avec l'adjonction des auxiliaires, les fonctions des vérificateurs ne seront pas, parfois, rendues impossibles ; l'institution des inspecteurs, tout en imprimant à tout le service une direction homogène, offrira le stimulant d'une surveillance incessante que pourront suivre, de la part de l'inspecteur général, appréciateur souverain du mérite de chacun, des récompenses ou de justes sévérités.

Cette hiérarchie dans le service des poids et mesures sera non-seulement complète, mais, nous le répétons, elle est indispensable.

Ce sera un inspecteur général et des inspecteurs divisionnaires qui centraliseront le service dans leurs mains ; ce seront des vérificateurs en chef qui exerceront leurs fonctions sous la direction et la surveillance de ces derniers ; ce seront, enfin, des auxiliaires qui, placés sous les ordres des vérificateurs, exerceront naturellement leurs fonctions sous leur surveillance.

Le résultat offert par la création de ces emplois hiérarchiques peut se résumer ainsi : *la responsabilité existant partout et remontant de bas en haut ; la surveillance s'exerçant partout et toujours de haut en bas.* Si ce n'est pas la perfection, au moins est-ce le seul moyen de constituer une administration parfaite, quant aux résultats qu'elle offrira.

Le service général des poids et mesures ayant reçu une telle organisation, ses attributions que nous avons fait connaître plus haut (voir le chapitre II et notamment les lois et ordonnances des 4 juillet 1837, 17 avril 1839, 26 décembre 1842), pourraient être étendues, sans que les occupations ordinaires des employés eussent à en souffrir ; au contraire, avec l'extension de ses attributions, son influence augmenterait et ses devoirs seraient même souvent plus faciles à remplir. Par exemple, on pourrait lui confier la haute surveillance des halles, foires et marchés; celle des bureaux de poids public dont, logiquement, les agents, ainsi que les mesureurs des halles et marchés, devraient ressortir, mais dans un ordre inférieur, du service des poids et mesures. On pourrait encore lui confier la surveillance, très facile pour ses agents, des matières d'or et d'argent, exercée en France et en Algérie, en conformité des prescriptions de la loi du 18 brumaire an VI, par les employés des contributions indirectes.

A ces attributions que, relativement, nous qualifierons de secondaires, nous en joindrons deux autres d'une importance incontestable : la vérification et la surveillance des compteurs à gaz ainsi que des dévidoirs pour le coton filé.

Pour la première, chacun sait que depuis l'introduction de l'éclairage au gaz, dont l'usage s'est généralisé, ce combustible est livré au consommateur à un prix déterminé par bec, ou par heure, ou au mètre cube; dans ce dernier cas, l'abonné doit être muni d'un compteur, sorte d'appareil fixé aux réservoirs de gaz, qui indique la quantité de gaz consommée.

Le compteur Grafton, le plus généralement employé, consiste en une espèce de cylindre à augets en ferblanc ou tôle galvanisée dont l'axe est horizontal. Il est plongé dans une enveloppe cylindrique remplie d'eau, jusques et y compris l'axe. Un tuyau amène le gaz au-dessous de l'axe dans un auget qui s'élève, sort de l'eau et permet au gaz de se répandre dans la partie supérieure du cylindre et de s'échapper par un tube qui le conduit aux becs. Le gaz, pendant tout le temps qu'il s'écoule, imprime à la roue un mouvement de rotation, et, au moyen de rouages communiquant à des aiguilles placées sur un cadran extérieur, la capacité des augets étant déterminée, on connaît la quantité de gaz brûlé par le nombre de révolutions du cylindre intérieur. (*Précis de chimie industrielle, par M. Payen.*)

Cette mesure, car on peut la comparer pour l'usage aux mesures de capacité, n'a pas encore reçu de réglementation en ce qui concerne l'exactitude de son mesurage. L'usage si général du gaz rend indispensable l'adoption, aussi bien pour les compagnies que pour les consommateurs, d'un moyen de livraison dont les données soient exactes. Nous pensons donc, qu'après avoir déterminé, par une loi, le pouvoir lumineux du gaz qu'il sera facile de vérifier à l'aide des moyens photométriques usuels, on devra régler la dimension des augets ainsi que le diamètre du tube desquels dépend la dispensation plus ou moins considérable du gaz. Les conditions de construction des compteurs à gaz étant arrêtées, ces instruments seraient, comme toutes les mesures, soumis à l'examen des vérificateurs qui leur apposeraient l'empreinte d'un poinçon dont la marque serait la garantie du consommateur.

Pour la seconde, l'intervention du vérificateur
sera d'une importance plus grande encore et d'un
usage surtout plus répandu.

Aux termes d'une ordonnance royale, en date du
8 avril 1829, le mode de *dévidage*, d'enveloppe,
de numérotage et de mise en vente des cotons filés
a été complètement réglé.

Aux termes de cette ordonnance, les cotons filés,
quelle que soit leur finesse, qui est proportionnée
au poids de chaque écheveau, doivent être dévidés
en écheveaux de *dix* échevettes de *cent* mètres chacune[1] ; à cet effet, les filatures doivent être pourvues de dévidoirs de quatorze cent vingt-huit millimètres de développement, auxquels s'adapte un
compteur de soixante-dix dents, de façon que
soixante-dix tours produisent une longueur de cent
mètres ou une échevette.

C'est ce dévidoir que les vérificateurs seraient
appelés à contrôler, vérifier et poinçonner ; là existerait la garantie du filateur et du consommateur.

---

[1] Le degré de finesse se déterminant par la longueur contenue dans
un poids donné, il est certain que plus le fil est fin, plus il entre de
mètres dans le poids d'un demi-kilogramme, par la raison que ce qu'il
perd en grosseur, il le gagne en longueur pour former le même poids.

Ainsi, l'écheveau de 1000 mètres qui pèse 500 grammes, est qualifié
numéro 1 ; celui de 1000 mètres qui pèse 5 grammes, est cent fois plus
fin que le numéro 1 et porte le numéro 100 ; donc, le degré de finesse
est d'autant plus fort que le numéro l'est lui-même.

Cette augmentation d'attributions et, par conséquent de travaux ne serait pas au-dessus des forces
d'hommes qui, convenablement rétribués, intelli-
gents, instruits, placés dans une position honorable, entourés de la considération publique, sauront
toujours déployer une activité à la hauteur des devoirs à remplir.

Avec un personnel tel que celui que nous avons
établi, dont l'importance serait, chez toutes les
nations, proportionnée à l'étendue territoriale,
combinée avec la population, les nécessités du
commerce et les convenances financières, on recueillerait un autre avantage encore, c'est qu'au
lieu de faire procéder à la vérification périodique
tous les deux ans seulement, dans les communes
secondaires, précisément celles qui, dans tous les
pays du monde, manquent le plus de surveillance
et d'organes de l'autorité, on pourrait facilement
y remplir tous les ans cette importante formalité
dont le trésor recueillerait les produits ; en outre,
de nombreuses vérifications de surveillance et inopinées pourraient, suivant le vœu exprimé par la
commission chargée de l'examen préparatoire de
la loi du 27 mars 1851, être faites et même réité-
rées sur tous les points du territoire.

Cette organisation si simple, si logique du personnel que nous venons d'exposer ou plutôt d'indiquer en quelques lignes, sera peut-être contre-
dite par quelques esprits qu'effraie tout ce qui pa-

rait vouloir se révéler sous de nouveaux aspects et qui, à des idées progressives, tant bonnes qu'elles soient, préfèrent le *statu quo* dont le mérite, immense, à leurs yeux, est de se traîner depuis longtemps dans les ornières de la routine. Nous laisserons dire, attendant tout du temps et de la réflexion.

D'autres encore que toute nouveauté administrative effraie et qui, lorsqu'il s'agit de changer, croient avoir fait un progrès, s'ils ont jeté un regard en arrière, diront peut-être que si l'organisation actuelle n'est pas parfaite, on pourrait, au lieu de la changer radicalement, ainsi que nous le proposons, rétablir l'ordre de choses de 1819 qui, ainsi que nous l'avons dit, avait constitué une hiérarchie bâtarde dont la faiblesse native n'a pu supporter les épreuves de l'expérience; à ceux-ci, comme aux premiers, nous dirons: nous attendrons tout du temps et de la réflexion.

Voulant en terminer avec toutes les objections, nous allons, par avance, réfuter celle, en apparence, très sérieuse, qui nous sera, sans doute, adressée à la vue des dépenses motivées par les traitements que nous avons proposé d'accorder aux agents du service des poids et mesures, nous le ferons en deux mots et en quatre chiffres.

Chacun le sait: si des dépenses excessives ou faites sans une utilité réelle par un État mènent infailliblement à la ruine, il est certain que des dépenses, même considérables, faites à propos, dans un but sérieux d'utilité, produisent l'effet contraire et deviennent une cause de richesse, de force et de prospérité. Ce principe dont la source est dans le sentiment de notre expérience et dans la règle du sens commun, ne sera pas même invoqué par nous dans cette circonstance, puisque, dans l'impossibilité où nous nous sommes trouvé de nous procurer l'état des produits de la vérification des poids et des mesures, nous ne pouvons présenter la balance du budget de ce service. Nous nous bornerons à démontrer que, tout en améliorant d'une manière notable la position des employés de la vérification, et en introduisant dans ce service d'importantes modifications, inévitable résultat de notre système d'organisation, nous n'imposerons pas une nouvelle charge au pays.

Pour démontrer d'une manière absolue notre proposition, nous allons mettre en présence le budget des dépenses du service pour 1863, et le budget des dépenses du service organisé d'après notre système : la conclusion sera dans les chiffres.

Le service de la vérification emploie actuellement, en France, trois cent quatre-vingt-trois vérificateurs, soixante-douze vérificateurs adjoints et dix-neuf hommes de peine qui forment le personnel de trois cent quatre-vingt-deux bureaux de vérification ; en Algérie, le personnel, réparti dans trois bureaux dont chacun embrasse une province entière, se compose de trois vérificateurs en chef, six vérificateurs adjoints et six hommes de peine ou interprètes.

En France, les dépenses annuelles s'élèvent en ce moment (1863), à la somme de huit cent cinquante mille quatre cent soixante-quinze francs, ci. . . . . 850,475 »
dont sept cent quatre-vingt-neuf mille deux cents francs (789,200) forment les traitements des agents, au nombre de 474, et soixante et un mille deux cent soixante-quinze francs, (61.275) dont sept mille six cent soixante-quinze francs pour Paris, représentent le prix de location des bureaux de vérification;

En Algérie, les dépenses (personnel et matériel) s'élèvent à quarante et un mille francs, ci. . . . 41.000 »

Total général des dépenses. . 891,475 »

Nous allons mettre en parallèle l'état détaillé des dépenses nécessitées par l'introduction de notre système, lesquelles comprendront les traitements de deux cent quatre-vingt-sept agents pour la France et l'Algérie, et le loyer de quatre-vingt-treize bureaux nécessités par les besoins du service.

		Par an.	Total.
1 Inspecteur général au traitement de.		20.000	20.000
2 Inspecteurs divisionnaires de 1re classe		12.000	24.000
2 Id. id. 2e id.		10.000	20.000
4 Id. id. 3e id.		8.000	32.000
10 Vérificateurs en chef. 1re id.		6.000	60.000
20 Id. id. 2e id.		5.000	100.000
30 Id. id. 3e id.		4.000	120.000
33 Id. id. 4e id.		3.000	99.000
25 Vérificateurs auxiliaires 1re id.		2.500	62.500
50 Id. id. 2e id.		2.000	100.000
75 Id. id. 3e id.		1.600	120.000
10 Surnuméraires		1.000	10.000
25 Hommes de peine		800	20.000
5 Bureaux (loyer de) à Paris et en Algérie, chacun		1.000	5.000
88 Bureaux dans les départements, chacun [1]		200	17.600
			810.100

Dépenses actuelles. . . . 891,475 »

Dépenses du projet. . . 810,100 »

Différence en moins. . . . 81,375 »

en faveur du nouveau système, non compris l'économie qui sera faite sur l'acquisition et l'entretien

[1] La moyenne actuelle du loyer des bureaux, dans les départements, est de 144 fr. 46 c.

du matériel des 385 bureaux de vérification remplacés par 93 bureaux seulement.

Cet excédant est un minimum, car si, dès le principe, on ne remplit pas les cadres de manière que chaque classé soit au complet, il y aura encore une économie qui pourra, ainsi que l'excédant de 81,375 francs, être proportionnellement répartie à titre d'indemnité de frais de tournées, entre les inspecteurs divisionnaires, les vérificateurs et les auxiliaires qui auront opéré les tournées d'inspection, de vérification périodique et de surveillance.

Nous sommes arrivé à la fin de notre travail, nous allons le résumer en quelques mots.

Notre livre a été divisé en cinq chapitres qui sont tous la conséquence logique les uns des autres. En effet, si, dans le premier chapitre, que l'on pourrait presque considérer comme les prolégomènes du deuxième, nous avons montré, un à un, tous les efforts faits pendant plus de dix siècles, par quarante-quatre puissants monarques, pour établir, en France, une véritable uniformité dans les poids et mesures, nous faisons voir, dans le suivant la volonté énergique triomphant du mauvais vouloir des masses, de l'ignorance de tous. Le troisième chapitre, complément du deuxième où sont relatées toutes les lois et ordonnances en vigueur avec leur commentaire, est entièrement consacré aux lois pénales. Les deux derniers, qui découlent indirectement des deux premiers, font voir, d'abord, quels moyens on a employés pour faire prévaloir le nouveau système de mesures ; quelle fut l'organisation donnée aux agents chargés de répandre la lumière, d'assurer, en un mot, l'exécution des lois constitutives du système décimal ; puis, enfin, se déroulent partout, dans un cadre très resserré, les améliorations qu'il serait utile d'apporter non-seulement dans l'organisation du personnel, mais encore dans l'économie des lois qui régissent le système.

Un instant, au lieu d'insérer toutes les lois qui nous régissent, et qu'on trouvera peut-être un peu longuement exposées et commentées, nous avons eu la pensée de terminer ce travail par une sorte de projet de loi, de décret, de règlement, comme on voudra l'appeler, qui, corrigeant ce qu'il y a de défectueux dans notre législation actuelle, aurait concilié les intérêts de l'administration, ceux de la morale et du public, en faisant disparaître certaines dispositions inutiles ou erronées qui les déparent ; mais, en considération des nations étrangères qui emprunteront à la France son système de poids et de mesures, nous avons pensé que mieux vallait exposer devant leurs yeux, dans toute leur simplicité, nos lois organiques, lesquelles, en leur servant de point de départ, leur permettront d'éviter les fautes, les imperfections que notre inexpérience nous a fait commettre.

Nous terminons. Après nous être efforcé de rendre nos pensées avec autant de clarté que de concision, il ne nous reste plus qu'un vœu à former, c'est que les idées que nous venons de mettre au grand jour soient adoptées, autant que possible, par la France et par les nations étrangères, ou que, tout au moins, elles puissent inspirer une pensée meilleure, faire naître un projet d'organisation plus complet, qui, véritable protecteur de l'honnêteté des transactions dans le monde entier, sera entièrement en rapport avec les nécessités commerciales.

Nous serons heureux de ce demi-succès, et nous nous féliciterons d'avoir, le premier, émis les considérations que nous soumettons humblement aux gouvernements et à la population éclairée de tout le monde civilisé, pour le triomphe d'une vérité utile.

FIN.

[illegible]
[illegible]
[illegible]
[illegible]
[illegible]
[illegible]
[illegible]
[illegible]
[illegible]
[illegible]
[illegible]
[illegible]
[illegible]

[illegible]
[illegible]
[illegible]
[illegible]
[illegible]

TABLE DES MATIÈRES.

	Pages.
Préface.	V
Sommaire des chapitres	VII
Chapitre Ier	1
Charlemagne fonde l'Académie palatine	2
Ambassade envoyée par Haroun-el-Raschid	3
Pile de Charlemagne	5 5 6
L'once, unité de pesanteur. Le marc	5 6
La livre est divisée en 12 onces	6
Mesures de longueur arabes et romaines	6
Le pied, unité des mesures de longueur	7
Mesures de capacité romaines	10
Altération des mesures instituées par Charlemagne	11
Philippe Ier réduit la livre à 8 onces	11
Philippe V essaie de rétablir l'uniformité des poids et mesures	12
Jean II rétablit la pile de Charlemagne et forme la livre de 16 onces	13
Livres locales ; marcs locaux	13

Pages.

Louis XI, François Ier, Henri II essaient de ré-
tablir l'uniformité...................... 14
Fernel mesure un arc du méridien........... 16
Snell mesure un arc du méridien........... 19
Louis XIV charge trois académiciens de faire
des recherches sur l'uniformité des poids et
mesures........................... 21
Colbert charge Cassini de mesurer la méridienne
de Paris........................... 22
Louis XV envoie Lacondamine au Pérou et
Maupertuis en Laponie................. 24
La toise du Pérou étalon des mesures fran-
çaises........................... 25

CHAPITRE II...................... 29

Rapport de Talleyrand sur la réforme des poids
et mesures........................... 30
Décret du 8 avril 1790 sur l'uniformité des poids
et mesures........................... 32
La longueur du pendule est prise pour base du
système métrique..................... 33
Lettre de Condorcet à l'Assemblée nationale.... 36
Décret du 26 mars 1791. La grandeur du quart
du méridien terrestre est adoptée pour base
du nouveau système de mesures........... 38
Décret du 1er août 1793. Organisation préparatoire du système décimal............... 43
Tableau du nouveau système des poids et mesures........................... 46
Loi du 18 germinal an III. Création du sys-
tème métrique..................... 48
Nomenclature des poids et des mesures........ 51

Pages.

Unités systématiques........................... 53
Constitution de l'agence temporaire............ 56
Observations sur le titre de l'étain employé pour
    la fabrication des mesures................ 59 184
Institution des vérificateurs des poids et me-
    sures...................................... 60
Division républicaine de l'année et du jour..... 62
Commission cosmopolite des poids et mesures,. 69
Fixation de la longueur du mètre et du poids
    du kilogramme............................. 71
Rapport entre la longueur du mètre et celle du
    pendule................................... 73
Loi du 19 frimaire an VIII...................... 74
Fixation définitive de la longueur du mètre..... 75
Réflexions sur la longueur du mètre............ 78
Sur l'arrêté du 13 brumaire an IX.............. 82
Nomenclature arrêtée le 28 mars 1812.......... 84
Loi du 4 juillet 1837........................... 87
Amendes à infliger à ceux qui se servent, dans
    les actes, affiches et livres de commerce des
    anciennes mesures......................... 89
Les vérificateurs des poids et mesures constatent
    les contraventions........................ 91
Tableau des mesures légales.................... 93
Arrêté du 14 décembre 1830 qui fixe la valeur
    des poids et mesures indigènes en Algérie.. 94
Ordonnance du 26 décembre 1842 établissant le
    système métrique en Algérie............... 96
Ordonnance du 17 avril 1839 sur la vérification
    des poids et des mesures.................. 108
Institution des vérificateurs.................. 109
Programme pour l'examen des candidats à l'em-
    ploi de vérificateur...................... 113

Pages.

Vérification primitive des poids et mesures neufs
ou rajustés 124

Vérification périodique. 129

Observations sur la vérification périodique faite
à domicile (*note*). 135

Inspection sur le débit des marchandises, faite
par l'autorité municipale. 142

Les vases ou futailles ne sont pas réputés mesures
de capacité. 144

Différentes sortes de futailles; mode de jau-
geage (*note*). 145

Des infractions et du mode de les constater par
les vérificateurs. 149

Les vérificateurs peuvent constater les délits. . . 151

Affirmation des procès-verbaux des vérifica-
teurs. 154

Des droits de vérification. 158

Tarif des droits de vérification. 159

Mode de paiement des droits en France et en
Algérie. 164

Réclamations formées par les assujétis. — Con-
seil de préfecture. 165

Ordonnance du 16 juin 1839 sur la forme des
poids et mesures. 169

Tableau des mesures de longueur. 173

Tableau des mesures de capacité pour les ma-
tières sèches. 176

Tableau des mesures de capacité pour les li-
quides. 180

Titre de l'étain employé pour la fabrication des
mesures. 181

Construction des mesures en ferblanc. 182   191

Pages.

Note sur la fabrication des mesures en fer-
blanc................................... 183
Tableau des poids en fer................. 191
Forme et rajustage des poids en fer, suivant le
système de M. Dosse..................... 194
Tableau des poids en cuivre.............. 196
Remarque sur les poids creux en cuivre..... 199
Système de rajustage Dosse appliqué aux poids
en cuivre............................... 200
Tableau des instruments de pesage......... 202
La balance à bras égaux (*note*)........ 204
La balance-bascule (*note*)............. 206
Poids spéciaux des bascules (*note*)..... 208
La romaine (*note*)..................... 209
Circulaire ministérielle au sujet des poids dont
les mairies doivent être pourvues pour véri-
fier les romaines et les bascules......... 210
Tableau des instruments de mesurage pour le
bois de chauffage....................... 212
Monnaies françaises. Titre et valeur...... 215
Tableau des monnaies françaises.......... 218

CHAPITRE III............................. 221

Lois pénales............................. 221
Dispositions extraites du code pénal...... 224
Loi du 27 mars 1851..................... 232
Observations sur la loi du 27 mars 1851... 235

CHAPITRE IV............................. 245

Causes qui ont retardé l'introduction du système
métrique................................ 245

Pages.

Institution des verificateurs des poids et me-
sures. 248

Les sous-préfets sont investis des fonctions de
vérificateur. 251

Institution des inspecteurs des poids et me-
sures. 252

Les vérificateurs nommés et révocables par les
préfets. 254

Caisse de retraite des vérificateurs. 256

Les vérificateurs à la nomination du ministre. . . . 257

Effet de la loi du 4 juillet 1837 et du décret du
25 mars 1852. 258

Chapitre V. 261

Effet de la multiplicité des vérificateurs et de
l'exiguité des traitements. 263

Adage anglais. 265

Réduction du nombre des agents. 267

Un inspecteur général, chef de l'administration
des poids et mesures. 268 281

Le système décimal au Parlement d'Angleterre. . 268

Promoteurs et détracteurs du système métrique
en Angleterre. 272

Organisation de la vérification en Espagne. 272

Organisation de la vérification en Prusse, aux
États-Unis et en Russie. 273

Observation sur la gratuité de la vérification périodique (*note*). 275

Les vérificateurs en chef divisés en quatre classes. — Traitements. 276

Les auxiliaires divisés en quatre classes. — Trai-
tements. 277

Pages.

Institution des inspecteurs divisionnaires........ 280

Hiérarchie de l'administration des poids et mesures.................................... 282

Nouvelles attributions..................... 282

Compteur à gaz........................... 283

Dévidoir du coton filé..................... 285

Objections. — Réponses.................... 286

Budget des dépenses du mode actuel d'organisation................................. 289

Budget des dépenses du nouveau mode d'organisation. — Balance des dépenses..... 290

Vœu final.................................. 293

FIN DE LA TABLE DES MATIÈRES.